工业机器人工学结合项目化系列教材

西门子 PLC 精通案例教程

连硕教育教材编写组　编著

电子工业出版社

Publishing House of Electronics Industry

北京·BEIJING

内 容 简 介

本书根据职业教育的特点，实现"做中学"和"学中做"相结合的教学理念，设计了七大教学项目，主要内容包括 PLC 运动控制技术概述、料车卷扬调速系统的变频调速控制、物品分选系统的位置控制、工业搅拌系统的 PLC 控制、钢铁生产脱硫喷吹系统的 PLC 网络控制、WinCC 在矿井提升机控制系统中的应用和 PLC 控制系统的设计与实践，每个项目包含 2~4 个工作任务，项目内容包括学习目标、任务分配、任务实施、考核与评价等多个方面内容，并且提供知识准备。

本书通过这 7 个教学项目，将相关原理与实践相结合，使学生在实际操作中理解 PLC 的基本原理并掌握编程应用技巧。本书既可作为中职和高职工业机器人专业、机电专业、电子专业、自动化专业及机械专业的教材，也可作为企业的培训用书，还可作为广大 PLC 爱好者的自学教材。

未经许可，不得以任何方式复制或抄袭本书之部分或全部内容。
版权所有，侵权必究。

图书在版编目（CIP）数据

西门子 PLC 精通案例教程/连硕教育教材编写组编著. —北京：电子工业出版社，2019.5
工业机器人工学结合项目化系列教材
ISBN 978-7-121-35863-0

Ⅰ. ①西… Ⅱ. ①连… Ⅲ. ①PLC 技术－职业教育－教材 Ⅳ. ①TM571.61

中国版本图书馆 CIP 数据核字（2019）第 001785 号

策划编辑：李树林
责任编辑：底　波
印　　刷：三河市君旺印务有限公司
装　　订：三河市君旺印务有限公司
出版发行：电子工业出版社
　　　　　北京市海淀区万寿路 173 信箱　邮编：100036
开　　本：787×980　1/16　印张：18.75　字数：390 千字
版　　次：2019 年 5 月第 1 版
印　　次：2019 年 5 月第 1 次印刷
定　　价：75.00 元

凡所购买电子工业出版社图书有缺损问题，请向购买书店调换。若书店售缺，请与本社发行部联系，联系及邮购电话：(010) 88254888，88258888。
质量投诉请发邮件至 zlts@phei.com.cn，盗版侵权举报请发邮件至 dbqq@phei.com.cn。
本书咨询和投稿联系方式：(010) 88254463，lisl@phei.com.cn。

连硕教育教材编写组

主　　编：唐海峰

顾　　问：黄志昌

编　　者：余顺平　朱云峰　林怡隆　林家伊　吴玉玲

支持单位：深圳市连硕机器人职业培训中心

前　言

　　S7-300通用控制器是由德国西门子公司专门设计用于制造行业，特别是汽车和包装行业的一款中型可编程控制器。SIMATIC控制器有众多产品，而S7-300因其卓越的性能、简洁的模块化结构、强大的通信及扩展能力成为SIMATIC家族中的佼佼者，出现在各行各业的中小控制系统中。

　　S7-300所用编程软件为STEP 7，编程方式为欧美系列PLC的典型代表。根据市场上工程师的反映可知，学会西门子S7-300 PLC的编程，欧美系列的PLC就很容易上手。对于PLC初学者或以前接触的是日系PLC的技术人员，第一次接触西门子S7-300时也许会感到无从下手，甚至感觉很难。为此，我们在编写本书的时候，根据长期的教学经验和实际项目工程的实践总结，针对性地挑选了一些经典案例，从硬件选型组态、I/O地址分配、结构化的程序编程、网络控制中的通信设置，以及WinCC组态应用等方面做了阐述。希望本书能够帮助广大读者学到相关的知识。

　　本书共分7章，每章中都提供一些案例，这些案例都是从实际项目中挑选出来的。但是为了教学的需要，硬件组态或程序编程中有些部分做了删减。因此，文中的案例只可作为教学参考，不可直接应用于实际项目开发中，以免造成不必要的人身及财产伤害。

　　由于编者水平有限，书中难免有疏忽或错误之处，敬请各位读者批评指正。

编著者

目 录

第 1 章　PLC 运动控制技术概述 ·· 1

　1.1　PLC 的发展概况 ·· 3
　　　1.1.1　PLC 的产生 ··· 3
　　　1.1.2　PLC 的发展历史 ··· 3
　　　1.1.3　PLC 的发展趋势 ··· 4
　1.2　PLC 的分类及特点 ·· 8
　　　1.2.1　PLC 的分类 ··· 8
　　　1.2.2　PLC 的特点 ··· 10
　　　1.2.3　PLC 的应用 ··· 12
　1.3　PLC 的结构与工作原理 ·· 16
　　　1.3.1　PLC 的基本结构 ··· 16
　　　1.3.2　PLC 的工作原理 ··· 19
　1.4　S7 系列 PLC 简介 ·· 24

第 2 章　料车卷扬调速系统的变频调速控制 ··· 33

　2.1　系统概述 ··· 34
　2.2　变频器及主要设备的选择 ··· 38
　2.3　变频调速系统的设计 ··· 42
　2.4　西门子变频器的操作与应用 ··· 48

第 3 章　物品分选系统的位置控制 ··· 68

　3.1　系统概述 ··· 70
　3.2　S7-300 PLC 的硬件组态 ·· 75
　　　3.2.1　S7-300 PLC 的结构 ·· 75
　　　3.2.2　S7-300 PLC 的组成 ·· 78
　3.3　S7-300 PLC 硬件模块的安装与编址 ·· 82

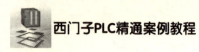

  3.3.1 S7-300 PLC 硬件模块的安装 ·················· 82
  3.3.2 S7-300 PLC 的编址 ······························ 85
 3.4 在 STEP 7 中组态 S7-300 PLC ······················ 89
  3.4.1 S7-300 PLC 硬件组态实例 ····················· 90
  3.4.2 I/O 模块参数设置 ································ 99

第 4 章 工业搅拌系统的 PLC 控制 ················ 108

 4.1 系统概述 ·· 109
 4.2 编程方法 ·· 120
  4.2.1 结构化编程 ······································ 120
  4.2.2 用户程序中的块 ································ 121
 4.3 功能块与功能的调用 ······························ 127
  4.3.1 功能块的组成 ··································· 127
  4.3.2 功能块局部变量声明 ·························· 128
  4.3.3 功能块与功能的应用举例 ···················· 130
 4.4 数据块 ··· 136
  4.4.1 数据块的分类及使用 ·························· 136
  4.4.2 建立数据块 ······································ 137
 4.5 结构化程序设计 ···································· 144
  4.5.1 逻辑块的编程 ··································· 144
  4.5.2 功能块的编程 ··································· 150

第 5 章 钢铁生产脱硫喷吹系统的 PLC 网络控制 ········ 157

 5.1 系统概述 ·· 158
  5.1.1 系统的网络结构及配置 ······················· 159
  5.1.2 PLC 程序设计 ···································· 161
  5.1.3 变频器参数设置及系统分析 ················· 163
 5.2 PROFIBUS 现场总线 ······························ 169
  5.2.1 PROFIBUS 的主要构成 ························ 169
  5.2.2 PROFIBUS 协议及通信方式 ·················· 170

         5.2.3 PROFIBUS 的数据传输与总线拓扑 ·········· 176
         5.2.4 PROFIBUS-DP ·········· 179
         5.2.5 如何建立 DP 主从通信 ·········· 184
         5.2.6 如何通过 DP 连接远程 I/O 站和模拟量模块 ·········· 192
         5.2.7 如何实现 S7-300 PLC 与 MM 变频器之间的 DP 通信 ·········· 200
         5.2.8 如何用普通网卡实现计算机与 S7-300 PLC 的通信 ·········· 205
         5.2.9 如何实现 S7-300 PLC 之间的以太网通信 ·········· 206

第 6 章 WinCC 在矿井提升机控制系统中的应用 ·········· 221

 6.1 系统概述 ·········· 222
 6.2 WinCC 的安装 ·········· 229
 6.3 建立项目 ·········· 234
         6.3.1 在 WinCC Explorer 中创建项目 ·········· 234
         6.3.2 组态画面元件的操作 ·········· 239
         6.3.3 创建过程画面 ·········· 244
 6.4 组态变量记录 ·········· 249
         6.4.1 组态定时器 ·········· 249
         6.4.2 创建过程值归档 ·········· 249
         6.4.3 输出变量记录 ·········· 251

第 7 章 PLC 控制系统的设计与实践 ·········· 259

 7.1 基于 S7-300 PLC 的液压粉尘成型机设计 ·········· 261
         7.1.1 液压粉尘成型机概述 ·········· 261
         7.1.2 系统组成 ·········· 261
         7.1.3 控制系统设计 ·········· 263
 7.2 基于西门子 S7-300 PLC 的纺织厂温度/湿度监控系统设计 ·········· 269
         7.2.1 系统概述 ·········· 269
         7.2.2 系统硬件设计 ·········· 270
         7.2.3 系统软件设计 ·········· 271

7.3 基于PLC的污水处理控制系统 …………………………………………………… 277
    7.3.1 系统概述 ……………………………………………………………………… 277
    7.3.2 系统总体方案 ………………………………………………………………… 277
    7.3.3 控制系统硬件组成 …………………………………………………………… 279
    7.3.4 控制系统软件设计 …………………………………………………………… 280

第1章

PLC 运动控制技术概述

PLC（Programmable Logic Controller，可编程序控制器）是以微处理器为核心，综合了计算机技术、自动控制技术和通信技术发展起来的一种通用工业控制装置。它具有体积小、功能强、编程容易、维护方便和组网灵活等优点，特别是它的高可靠性和较强的适应环境的能力，使其在冶金、化工、交通、电力以及机械制造等领域获得了非常广泛的应用。PLC 技术被称为现代工业技术的三大支柱（PLC 技术、机器人技术、CAD/CAM）之一。

知识目标

（1）了解 PLC 的发展概况；
（2）熟悉 PLC 的分类及特点；
（3）掌握 PLC 的结构与工作原理；
（4）熟悉 S7 系列 PLC 种类及特点。

技能目标

（1）能够简单描述 PLC 的发展概况；
（2）能够熟练说明 PLC 的工作原理；
（3）能够举例说明 PLC 种类及特点。

素质目标

（1）增强学生的动手能力，培养学生的团队合作精神；
（2）在技能实践中，促进学生职业素养的养成。

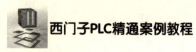

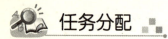

1.1 PLC 的发展概况;

1.2 PLC 的分类及特点;

1.3 PLC 的结构与工作原理;

1.4 S7 系列 PLC 简介。

第1章 PLC 运动控制技术概述

1.1 PLC 的发展概况

 知识准备

1.1.1 PLC 的产生

传统的生产机械多采用继电器、接触器控制,这种控制系统通常称为继电器控制系统。继电器控制系统具有结构简单、价格低廉、容易操作等优点,但它同时又具有体积庞大、生产周期长、接线复杂、故障率高、可靠性及灵活性差等缺点,比较适用于工作模式固定、控制逻辑简单的工业应用场合。

随着工业生产的迅速发展,生产规模不断扩大,控制技术不断提高,传统的继电器控制系统越来越不适应现代工业发展的需要,迫切需要设计一种先进的自动控制装置。于是,1968年美国通用汽车公司(GM)便提出一种设想:把计算机的功能完善、通用、灵活等优点和继电器控制系统的简单易懂、操作方便、价格便宜等优点结合起来,制成一种通用控制装置。这种通用控制装置把计算机的编程方法和程序输入方式加以简化,采用面向控制过程、面向对象的语言编程。

1969 年,美国数字设备公司(Digital Equipment Corporation,DEC)根据这一设想,研制成功了世界上第一台可编程序控制器 PDP-14,并在汽车自动装配线上成功试用。该设备用计算机作为核心设备,其控制功能是通过存储在计算机中的程序来实现的,这就是人们常说的存储程序控制。由于当时主要用于顺序控制,只能进行逻辑运算,故称为可编程逻辑控制器(Programmable Logic Controller,PLC)。

这种新型的工业控制装置以其简单易懂、操作方便、可靠性高、通用灵活、体积小、使用寿命长等优点,很快在美国其他工业领域得到推广应用。到 1971 年,它已经成功地应用于食品、饮料、冶金、造纸等工业领域。

PLC 的出现,受到了其他国家的高度重视。1971 年,日本从美国引进了这项新技术,很快研制出了第一台 PLC(DSC-8)。1973 年,西欧国家也研制出了 PLC。

1.1.2 PLC 的发展历史

从 PLC 的控制功能来分,PLC 的发展经历了以下四个阶段。

第一阶段，第一台 PLC 问世到 20 世纪 70 年代中期，是 PLC 的初创阶段。

该时期的 PLC 产品主要用于逻辑运算、定时和计数，它的 CPU 由中小规模的数字集成电路组成，它的控制功能比较简单。该阶段的代表产品有莫迪康（Modicon）公司（现在属于施耐德电气旗下的一个品牌）的 084、艾伦–布拉德利（Allen-Bradley，AB）公司（Allen-Bradley 现属于罗克韦尔自动化旗下重要的品牌）的 PDQII、DEC 的 PDP-14 和日立（HITACHI）公司的 SCY-022 等。

第二阶段，20 世纪 70 年代中期到末期，是 PLC 的实用化发展阶段。

该时期 PLC 产品的主要控制功能得到了较大的发展。随着多种 8 位微处理器的相继问世，PLC 技术产生了飞跃发展。在逻辑运算功能的基础上，增加了数值运算、闭环调节功能，提高了运算速度，扩大了输入/输出规模。该阶段的代表产品有 Modicon 公司的 184、284、384，西门子公司的 SYMATIC S3 系列，富士电机公司的 SC 系列等。

第三阶段，20 世纪 70 年代末期到 20 世纪 80 年代中期，是 PLC 通信功能的实现阶段。

与计算机通信的发展相联系，PLC 也在通信方面有了很大的发展，初步形成了分布式的通信网络体系。但是，由于生产厂家各自为政，通信系统自成系统，因此不同生产厂家的产品互相通信是较困难的。在该阶段，由于生产过程控制的需要，对 PLC 的需求大大增加，产品的功能也得到了发展，数学运算的功能得到了较大的扩充，产品的可靠性进一步提高。该阶段的代表产品有富士电机公司的 MI-CREX 和德州仪器（Texas Instruments，TI）公司的 TI530 等。

第四阶段，20 世纪 80 年代中期至今，是 PLC 的开放阶段。

由于开放系统的提出，使 PLC 得到了较快的发展。主要表现为通信系统的开放，使各生产厂家的产品可以互相通信，通信协议的标准化使用户得到了好处。在这一阶段，产品的规模增大，功能不断完善，大、中型产品多数有 CRT 屏幕的显示功能，产品的扩展也因通信功能的改善而变得方便，此外，产品还采用了标准的软件系统，增加了高级编程语言等。该阶段的代表产品有西门子公司的 SYMATIC S5 和 S7 系列和 AB 公司的 PLC-5 等。

1.1.3 PLC 的发展趋势

随着控制技术的发展，PLC 的结构和功能得到了不断改进，各生产厂家不断推出功能更强的 PLC 产品，平均 3～5 年更新换代一次。PLC 的发展可归纳为以下几个方面。

1. 小型化、专用化、低成本

随着微电子技术的发展,新型电子器件的广泛应用,PLC 的功能大幅度地提高,而成本大幅度地降低。PLC 的功能不断加强,将原来大、中型 PLC 才有的功能移植到小型 PLC 上。PLC 结构更加紧凑、小巧,体积更小,安装和操作使用十分简便。由于 PLC 价格不断下降,使其真正成为继电器控制系统的替代产品。

2. 系列化、标准化、模块化

每个生产 PLC 的厂家都有自己的系列产品,同一系列的产品指令及使用向上兼容,以满足新机型的推广和使用。为了推动技术标准化的进程,一些国际性组织,如国际电工委员会(IEC),不断为 PLC 的发展制定一些新的标准,对各种类型的产品做一定的归纳或定义,对 PLC 未来的发展制定一种方向(或框架)。模块式结构使系统的构成更加灵活、方便;功能明确化、专用化的复杂功能由专门模块来完成。一般的 PLC 可分为主模块、扩展模块、I/O 模块及各种高性能模块等,每种模块的体积都较小,相互连接方便,使用更简单,通用性更强。主机仅通过通信设备向模块发布命令和测试状态,这样使得 PLC 的系统功能进一步增强,控制系统设计进一步简化。

3. 高速化、大容量化和高性能化

大型 PLC 采用多微处理器系统,如有的采用了 32 位微处理器,可同时进行多任务操作,处理速度提高,存储容量大大增加。PLC 的功能进一步加强,以适应各种控制的需要,使计算、处理功能进一步完善,特别是增强了过程控制和数据处理的功能。另外,PLC 可以代替计算机进行管理、监控。智能 I/O 组件也将进一步发展,用来完成各种专门的任务(如位置控制、PID 调节、远程通信等)。

4. 网络化

计算机与 PLC 之间,以及各个 PLC 之间的互连和通信能力的不断增强,使工业网络可以有效地节省资源、降低成本、提高系统可靠性和灵活性,使网络的应用更加普遍化。工业控制中普遍采用金字塔结构的多级网络。与可编程序控制器硬件技术的发展相适应,工业软件的发展非常迅速,它使系统应用更加简单易行,大大方便了 PLC 系统的开发人员和操作使用人员。

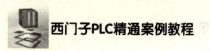

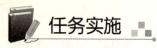

本节任务实施见表 1-1 和表 1-2。

表 1-1 PLC 的发展概况任务书

姓　名		任务名称	PLC 的发展概况
指导教师		同组人员	
计划用时		实施地点	
时　间		备　注	
任务内容			

1. 了解 PLC 的产生
2. 了解 PLC 的发展历史
3. 了解 PLC 的发展趋势

考核内容	简述 PLC 的产生
	总结 PLC 的四段发展历史
	讲述 PLC 的发展趋势

资　料	工　具	设　备
教材		

表1-2 PLC 的发展概况任务完成报告

姓 名		任务名称	PLC 的发展概况
班 级		同组人员	
完成日期		实施地点	

1. 简述 PLC 的产生

2. 总结 PLC 的四段发展历史

3. 讲述 PLC 的发展趋势

4. 讲述你所知道的 PLC 品牌

1.2 PLC 的分类及特点

1.2.1 PLC 的分类

PLC 发展至今已经有多种形式，其功能也不尽相同。分类时，一般按以下原则进行。

1. 按结构形式分

按结构形式可以将 PLC 分为两类。

1）紧凑型 PLC

这种 PLC 的特点是电源、CPU、I/O 接口都集成在一个机壳内。例如，西门子公司的 S7-1200、S7-200 等系列，欧姆龙（OMRON）公司的 CP1 系列，三菱公司的 MELSEC FX3U、MELSEC IQ-FX5U 系列，松下公司的 FP-X、FP0H 系列和 AB 公司的 Micro800®系列、MicroLogix™系列。

2）模块式 PLC

这种 PLC 的特点是电源模块、CPU 模块、开关量 I/O 模块、模拟量 I/O 模块等在结构上是相互独立的，可根据实际需要，选择合适的模块，安装在固定的机架（或导轨）上，构成一个完整的 PLC 系统。例如，西门子公司的 S7-300/400 和 S7-1500 系列，欧姆龙公司的 C200H 系列，三菱公司的 MELSEC-Q 系列、MELSEC iQ-R 系列，AB 公司的 CompactLogix™ 和 Compact GuardLogix®控制器系列，松下电工的 FP7 系列。

2. 按 I/O 点数及内存容量分

按 I/O 点数及内存容量可将 PLC 分为以下几类。

1）小型 PLC

小型 PLC 的 I/O 点数一般在 256 点以下，内存容量在 4KB 以下，一般采用紧凑型结构，以开关量控制为主，还可以连接模拟量 I/O 和其他各种特殊功能模块。它能执行包括逻辑运算、计时、计数、算术运算、数据处理和传送、通信联网及各种应用指令，适合单机控制或小型系统的控制。例如，西门子公司的 S7-200 系列 PLC，存储器容量最大为 4KB，最大数字量 I/O 点数为 256 点，最大模拟量 I/O 为 64 路。

2）中型 PLC

中型 PLC 的 I/O 点数一般不大于 2048 点，内存容量为 2~8KB，采用模块化结构。其 I/O 处理方式除采用一般 PLC 通用的扫描处理方式外，还能采用直接处理方式，即在扫描用户程序的过程中，直接读输入，刷新输出。它能连接各种特殊功能模块，通信联网功能更强，指令系统更丰富，扫描速度更快，可用于对设备进行直接控制，还可对多个下一级的可编程序控制器进行监控，比较适合中型或大型控制系统的控制。例如，西门子公司的 S7-300 系列 PLC，存储器容量为 2KB，数字量 I/O 点数为 1024 点，模拟量 I/O 为 128 路，支持程序总线网络（PROcess FIeld BUS，PROFIBUS）、工业以太网（Industrial Ethernet）、信息传递接口（Message Passing Interface，MPI）等网络系统、协议和技术。

3）大型 PLC

大型 PLC 的 I/O 点数在 2048 点以上，内存容量为 8~16KB，采用模块化结构。软件、硬件功能极强，如具有极强的自诊断功能、通信联网功能等。它不仅可用于对设备进行直接控制，还可对多个下一级的可编程序控制器进行监控；不仅能完成较复杂的算术运算，还能进行复杂的矩阵运算；有各种通信联网模块，可以构成三级通信网，实现工厂生产管理自动化。大型 PLC 还可以采用三个 PLC 构成表决式系统，使机器的可靠性更高。例如，富士公司的 F200 系列 PLC，存储器容量为 32KB，数字量 I/O 点数达 3200 点；欧姆龙公司的 CV2000 系列 PLC，存储器容量为 62KB，数字量 I/O 点数达 2048 点；西门子公司的 S7-400 系列 PLC，存储器容量为 512KB，数字量 I/O 点数达 12 672 点；德国 AEG 公司的 A500 系列 PLC，存储器容量为 64KB，数字量 I/O 点数达 5088 点。

3. 按控制性能分类

按控制性能可将 PLC 分为三类。

1）低档 PLC

低档 PLC 只有基本的控制功能和一般的运算能力，工作速度比较慢，能带的输入和输出模块的数量比较少，如欧姆龙公司的 CP1H 等。

2）中档 PLC

中档 PLC 具有较强的控制功能和较强的运算能力。它不仅能完成一般的逻辑运算，还

能完成比较复杂的三角函数、指数和 PID 运算。其工作速度比较快，能带的输入和输出模块的数量及种类也比较多，如西门子公司的 S7-300 系列 PLC。

3）高档 PLC

高档 PLC 具有强大的控制功能和极强的运算能力。它不仅能完成逻辑运算、三角函数运算、指数运算和 PID 运算，还能进行复杂的矩阵运算。其工作速度很快，能带的输入和输出模块的数量很多，输入和输出模块的种类也很全面。这类可编程序控制器可以完成规模很大的控制任务，在网络中一般做主站使用，如西门子公司的 S7-400。

1.2.2 PLC 的特点

PLC 能迅速发展的原因，除工业自动化的客观需要外，还因为它有许多独特的优点。它较好地解决了工业控制领域中普遍关心的可靠、安全、灵活、方便、经济等问题。综合起来，PLC 具有以下主要特点。

1. 可靠性高，抗干扰能力强

高可靠性是 PLC 最突出的特点之一。由于工业生产过程大多数是连续的，一般的生产装置要几个月、甚至几年才大修一次，这对用于工业生产过程的控制器提出了高可靠性的要求。传统的继电器控制系统中使用了大量的中间继电器、时间继电器，由于触点接触不良，容易出现故障。PLC 采用了微电子技术，大量的开关动作由无触点的半导体电路来完成，用软件代替大量的中间继电器和时间继电器，仅剩下与输入和输出有关的少量硬件，接线可减少到继电接触器控制系统的 1/10～1/100，因触点接触不良造成的故障大大减少。此外，PLC 还采取了屏蔽、滤波、隔离、故障检测与诊断等抗干扰措施，具有很强的抗干扰能力，平均无故障时间达到数万小时，可以直接用于有强烈干扰的工业生产现场。PLC 已被广大用户认为是最可靠的工业控制设备之一。

2. 编程、操作简易方便，程序修改灵活

PLC 采用面向控制过程、面向问题的"自然语言"编程，容易掌握。例如，目前 PLC 大多数采用的梯形图语言编程方式，既继承了传统控制线路的清晰直观感，又考虑到大多数电气技术人员的读图习惯及应用微机的水平，很容易被技术人员所接受，易于编程，程序改变时也易于修改。近几年发展起来的其他编程语言（如功能图语言、汇编语言和结构化文本等计算机通用语言）也都使编程更加方便，并且适用于不同层次的技术人员。

3. 硬件配套齐全，用户使用方便，适应性强

PLC 产品大部分已经标准化、系列化、模块化，配备品种齐全的各种硬件装置供用户选用，用户能灵活、方便地进行系统配置，组成不同功能、不同规模的系统。PLC 具有丰富的 I/O 接口，对不同的工业现场信号（如交流、直流、电压、电流、开关量、模拟量、脉冲等）有相应的 I/O 模块与工业现场的器件或设备（如按钮、行程开关、接近开关、传感器及变送器、电磁线圈、电动机启动器、控制阀等）直接连接。另外，有些 PLC 还有通信模块、特殊功能模块等。PLC 的安装接线也很方便，一般用接线端子连接外部接线。PLC 有较强的带负载能力，可以直接驱动一般的电磁阀和交流接触器。硬件配置确定后，可以通过修改用户程序，方便、快速地适应工艺条件的变化。

4. 易于设计、安装、调试和维修

由于 PLC 用软件功能取代了继电接触器控制系统中大量的中间继电器、时间继电器、计数器等器件，使控制柜的设计、安装、接线工作量大大减少。PLC 的梯形图程序一般采用顺序控制设计法。这种编程方法有规律，容易掌握。对于复杂的控制系统，梯形图的设计时间比继电接触器控制系统电路图的设计时间要少得多。

PLC 的用户程序可以在实验室模拟调试，输入信号用小开关来模拟，通过 PLC 上的发光二极管可观察输出信号的状态。完成系统的安装和接线后，在现场的调试过程中发现的问题一般通过修改程序就可以解决，系统的调试时间比继电接触器控制系统要少得多。

PLC 的故障率很低，且有完善的自诊断和显示功能。PLC 或外部的输入装置和执行机构发生故障时，可以根据 PLC 上的发光二极管或编程器提供的信息迅速地查明产生故障的原因，用更换模块的方法迅速地排除故障。

5. 体积小、质量轻、功耗低、响应快

由于 PLC 是将微电子技术应用于工业控制设备的新型产品，其体积小、质量轻、功耗低、响应快。对于复杂的控制系统，使用 PLC 后，可以减少大量的中间继电器和时间继电器，小型 PLC 的体积仅相当于几个继电器的大小，因此可将开关柜的体积缩小到原来的 1/2～1/10。PLC 的配线比继电器控制系统的配线少得多，故可以省下大量的配线和附件，减少大量的安装接线工时，加上开关柜体积缩小，可以节省大量的费用。传统继电器节点的响应时间一般需要几百毫秒，而 PLC 的节点响应时间很短，内部是微秒级的，外部是毫秒级的。

1.2.3 PLC 的应用

PLC 产生初期,由于其价格高于继电器控制装置,使其应用受到限制。但近几年,随着 PLC 性能价格比的不断提高,PLC 的应用越来越广,其主要原因是:一方面由于微处理器芯片及有关元器件的价格大大降低,使得 PLC 的成本下降;另一方面由于 PLC 的功能大大增强,使它也能解决复杂的计算和通信问题。目前,PLC 已广泛应用于工业控制的各个领域,包括从单机自动化到工厂自动化,从机器人、柔性制造系统到工业局部网络。

从 PLC 的功能来分,PLC 的应用领域如下。

1. 开关量逻辑控制

这是 PLC 最基本、最广泛的应用领域,它完全取代了传统的继电器、接触器等顺序控制装置。开关量逻辑控制可以代替继电器完成组合逻辑控制、定时与顺序逻辑控制,它既可用于单机控制,又可用于多机群控制,以及生产线的自动控制,并且广泛应用于电力、机械制造、钢铁、石油、化工、采矿、汽车、造纸、纺织等各行各业,如机床电气控制、包装机械控制、输送带与电梯控制、汽车装配生产线及自动生产线中各种泵和电磁阀控制等。

2. 运动控制

利用 PLC 的专用智能模块,可以对步进电动机或伺服电动机的单轴或多轴系统实现位置控制。在多数情况下,PLC 把描述目标位置的数据传送给模块,模块驱动轴到目标位置。当每个轴转动时,位置控制模块使其保持适当的速度和加速度,确保运动平滑。例如,对具有多轴的机器人进行控制,自动地处理它的机械运动。随着工厂自动化网络的形成,使用机器人的领域将越来越广。

3. 过程控制

过程控制是指对温度、压力、流量等连续变化的模拟量实现的闭环控制。现代 PLC 一般都有 PID 闭环控制功能。当控制过程中某个输出变量出现偏差时,PLC 按照 PID 控制算法计算出相应的输出,使输出变量保持在设定值上。PLC 的过程控制功能已经广泛地应用在化工、机械、轻工、冶金、电力、建材等行业中。

4. 数字控制

PLC 和计算机数控(CNC)装置组合成一体,可以实现数字控制,组成数控机床。现代 PLC 具有数字运算,以及数据传送、转换、排序、查表和位操作等功能,可以完成数据的采集、分析和处理。预计 CNC 系统将变成以 PLC 为主体的控制和管理系统。

5. 通信联网

近年来,随着计算机网络和计算机控制技术的发展,工厂自动化(FA)网络系统正在兴起。通过网络系统,PLC 可和远程 I/O 进行通信,多台 PLC 之间及 PLC 和其他智能设备(如计算机、变频器、数控装置等)之间也可相互交换数字信息,形成统一的整体,实现分散控制或集中控制。近年来开发的 PLC 都增强了通信功能,即使是小型 PLC 也具备了与主计算机通信联网的功能。

任务实施

本节任务实施见表 1-3 和表 1-4。

表 1-3　PLC 的分类及特点任务书

姓　　名		任务名称	PLC 的分类及特点
指导教师		同组人员	
计划用时		实施地点	
时　　间		备　　注	
任务内容			
1. 了解 PLC 的分类 2. 熟悉 PLC 的特点 3. 熟悉 PLC 的应用			
考核内容	讲述 PLC 的分类		
	讲述 PLC 的特点		
	讲述 PLC 的应用		
资　　料		工　　具	设　　备
教材			

表 1-4　PLC 的分类及特点任务完成报告

姓　　名		任务名称	PLC 的分类及特点
班　　级		同组人员	
完成日期		实施地点	

1. 讲述 PLC 的各种分类形式

2. 讲述 PLC 的特点

3. 从 PLC 功能的角度，讲述 PLC 的应用

1.3 PLC 的结构与工作原理

知识准备

1.3.1 PLC 的基本结构

PLC 实质上是一种工业计算机,只不过它比一般的计算机具有更强的与工业过程连接的接口和更直接的适应于控制要求的编程语言,所以 PLC 与计算机的组成相似,其基本结构如图 1-1 所示。

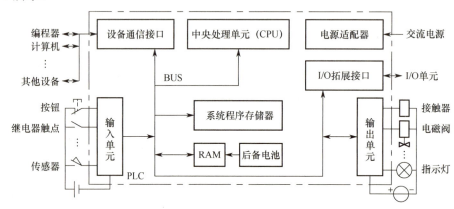

图 1-1 PLC 的基本结构

由图 1-1 可以看出,PLC 由中央处理单元(CPU)、存储器(ROM/RAM)、输入/输出单元(I/O 单元)、编程器、电源适配器等部件组成。

1. 中央处理单元

中央处理单元是 PLC 的核心,其主要任务如下。

(1)接收、存储由编程工具输入的用户程序和数据,并通过显示器显示出程序的内容和存储地址。

(2)检查、校验用户程序。对正在输入的用户程序进行检查,发现语法错误立即报警,并停止输入;在程序运行过程中若发现错误,立即报警或停止程序的运行。

(3)执行用户程序。当 PLC 投入运行时,首先它以扫描的方式接收现场各输入装置的状态和数据，并分别存入 I/O 映像区，然后从用户程序存储器中逐条读取用户程序，经过命令解释后按指令的规定执行逻辑或算术运算，并将运算结果送入 I/O 映像区或数据寄存器内。等所有的用户程序执行完毕后，最后将 I/O 映像区的各输出状态或输出寄存器内的数据传送到相应的输出装置，如此循环运行，直至停止运行。

（4）故障诊断。诊断电源、PLC 内部电路的故障，根据故障或错误的类型，通过显示器显示出相应的信息，以提示用户及时排除故障或纠正错误。

不同型号 PLC 的 CPU 是不同的，有的采用通用 CPU，如 8031、8051、8086、80826 等，大部分采用厂家自行设计的专用 CPU，如西门子公司的 S7-300/400 系列 PLC 均采用其自行研制的专用芯片，CPU 的性能关系到 PLC 处理控制信号的能力与速度，CPU 位数越高，系统处理的信息量越大，运算速度也就越快。随着 CPU 技术的不断发展，PLC 所用的 CPU 也越来越高档。为了进一步提高 PLC 的可靠性，近年来对大型 PLC 采用双 CPU 构成冗余系统，或者采用三 CPU 的表决式系统。这样，即使某个 CPU 出现故障，整个系统仍能正常运行。

2. 存储器

PLC 的存储器可分为系统程序存储器、用户程序存储器及系统 RAM 存储区三种。

1）系统程序存储器

系统程序存储器用来存放由 PLC 生产厂家编写的系统程序，并固化在 ROM 内，用户不能直接修改。它使 PLC 具有基本的智能功能，能够完成 PLC 设计者规定的各项工作。系统程序的质量，很大程度上决定了 PLC 的性能。

2）用户程序存储器

根据控制要求而编制的应用程序称为用户程序。用户程序存储器用来存放用户针对具体控制任务、用规定的 PLC 编程语言编写的各种程序。用户程序存储器根据所选用的存储器单元类型的不同，可以是 RAM（用锂电池进行断电保护）、EPROM 或 E^2PROM 存储器，存储内容可以由用户任意修改或增删。目前较先进的 PLC 采用可随时读写的快闪存储器（Flash）作为用户程序存储器。快闪存储器不需要后备电池，断电时数据也不会丢失。

3）系统 RAM 存储区

系统 RAM 存储区包括 I/O 映像区及包括各类软元件的系统软设备存储区，如逻辑线圈、数据寄存器、计时器、计数器、变址寄存器、累加器等。

（1）I/O 映像区。由于 PLC 投入运行后，只是在输入采样阶段才依次读入各输入状态和数据，在输出刷新阶段将输出的状态和数据送至相应的外部设备。因此，它需要一定数量的存储单元（RAM）以存放 I/O 的状态和数据，这些单元称作 I/O 映像区。一个开关量 I/O 占用存储单元中的一位（1bit），一个模拟量 I/O 占用存储单元中的一个字（16bit）。因此整个 I/O 映像区可看作两个组成部分：开关量 I/O 映像区、模拟量 I/O 映像区。

（2）系统软设备存储区。除 I/O 映像区以外，系统 RAM 存储区还包括 PLC 内部各类软元件（逻辑线圈、计时器、计数器、数据寄存器和累加器等）的存储区。该存储区又分为具有断电保持的存储区域和无断电保持的存储区域，前者当 PLC 断电时，由内部的锂电池供电，数据不会丢失；后者当 PLC 断电时，数据被清除。

① 逻辑线圈。与开关输出一样，每个逻辑线圈占用系统 RAM 存储区中的一位，但不能直接驱动外部设备，只供用户在编程时使用，其作用类似于继电器控制线路中的中间继电器。另外，不同的 PLC 还提供数量不等的特殊逻辑线圈，具有不同的功能。

② 数据寄存器。与模拟量 I/O 一样，每个数据寄存器占用系统 RAM 存储区中的一个字（16bit）。另外，PLC 还提供数量不等的特殊数据寄存器，不同的特殊数据寄存器具有不同的功能。

3. 输入/输出单元

输入/输出单元是 PLC 与工业现场连接的接口。

输入单元用来接收和采集两种类型的输入信号：一类是由按钮、选择开关、行程开关、继电器触点、接近开关、光电开关、数字拨码开关等发出的开关量输入信号；另一类是由电位器、测速发电机和各种变送器等发来的模拟量输入信号。

输出单元用来连接工业现场被控对象中各种执行元件，如接触器、电磁阀、指示灯、调节阀、调速装置等。

4. 电源适配器

电源适配器一方面可为 CPU 板、I/O 板及扩展单元提供工作电源（DC5V），另一方面可为外部输入元件提供 DC24V 电源。

5. I/O 拓展接口

I/O 拓展接口用于将扩展单元与基本单元相连，使 PLC 的配置更加灵活。

6. 设备通信接口

PLC 配有多种通信接口，PLC 通过这些通信接口可以与监视器、打印机、其他 PLC 或计算机相连。当 PLC 与打印机相连时，可将过程信息、系统参数等输出打印；当 PLC 与监视器相连时，可将过程映像显示出来；当 PLC 与其他 PLC 相连时，可组成多机系统或连成网络，实现更大规模的控制；当 PLC 与计算机相连时，可组成多级控制系统，实现控制与管理相结合的综合系统。

7. 编程装置

系统应用程序是通过编程装置送入的，对程序的修改也是通过编程装置实现的。编程装置的作用是编辑、调试、输入用户程序，也可在线监控 PLC 内部状态和参数，与 PLC 进行人机对话。它是开发、应用、维护 PLC 不可缺少的工具。

编程装置可以是专用编程器，也可以是配有专用编程软件包的通用计算机系统。专用编程器由 PLC 厂家生产，专供该厂家生产的某些 PLC 产品使用，它由键盘、显示器和外存储器接插口等部件组成。专用编程器有简易编程器和智能编程器两类。

简易编程器只能联机编程，而且不能直接输入和编辑梯形图程序，需将梯形图程序转化为指令表程序才能输入。简易编程器体积小、价格便宜，它可以直接插在 PLC 的编程插座上，或者用专用电缆与 PLC 相连，以方便编程和调试。

智能编程器又称图形编程器，本质上它是一台专用便携式计算机，如三菱公司的 GP-80FX-E 智能编程器。它既可联机编程，又可脱机编程。它可直接输入和编辑梯形图程序，使用更加直观、方便，但价格较高，操作也比较复杂。

专用编程器只能对指定厂家的几种 PLC 进行编程，使用范围有限，价格较高。同时，由于 PLC 产品不断更新换代，所以专用编程器的生命周期也十分短暂。因此，现在的趋势是使用以个人计算机为基础的编程装置，用户只要购买 PLC 厂家提供的编程软件和相应的硬件接口装置即可。这样，用户只用较少的投资即可得到高性能的 PLC 程序开发系统。

基于个人计算机的程序开发系统功能强大。它既可以编制、修改 PLC 的梯形图程序，也可以监视系统运行、打印文件、系统仿真等。它配上相应的软件还可以实现数据采集和分析等许多功能。

1.3.2 PLC 的工作原理

下面以控制电动机正反转为例来说明 PLC 的工作原理，了解 CPU 是如何执行程序的。

PLC 的外部接线和梯形图如图 1-2 所示。

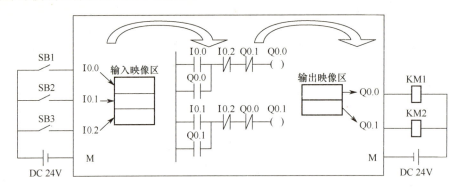

图 1-2   PLC 的外部接线和梯形图

输入 I0.0、I0.1 和 I0.2 分别采集电动机停止、正转和反转的输入信号，输出 Q0.0 和 Q0.1 控制电动机的正转和反转。

系统上电或由 STOP 模式切换到 RUN 模式时，CPU 要执行一次复位操作，包含以下两个操作步骤。

（1）清除没有保持功能的位存储器状态、定时器和计数器状态，清除中断堆栈和块堆栈的内容等。

（2）执行系统启动组织块 OB100。如果用户想使系统在上电后做一些初始化操作，可以在 OB100 中编写程序，否则用户完全可以忽略这个组织块。需要注意的是，OB100 只在复位后被执行一次。

整个 PLC 的工作过程是以循环扫描的方式进行的，重复执行一个循环工作周期。以下 4 个步骤就是 PLC 程序执行的一个循环工作周期。

① 操作系统启动循环时间监控。
② CPU 将输出映像区中的数据写到输出模块。
③ CPU 读取输入电路的接通/断开状态并存入输入映像区。
④ CPU 处理用户程序，执行用户程序中的指令，并实时更新内存映像区。

在第一阶段，操作系统启动用户设置的监控循环时间。

在第二阶段，CPU 将输出映像区中的数据状态传送到输出模块，用于控制与输出点连接的继电器线圈。例如，上次循环工作周期中输出映像区的 Q0.0 状态为"0"，而这次 Q0.0

第1章　PLC 运动控制技术概述

得电，其状态变为"1"时，控制电动机的继电器线圈通电，其常开触点闭合，电动机正转；反之，控制电动机的继电器线圈断电，其常开触点断开，电动机停止。

在第三阶段，PLC 通过输入模块采集外部电路的接通/断开状态，并写入到输入映像区中。例如，外部电路开关 SB 闭合，对应的输入映像位 I0.0 状态为"1"，在梯形图中对应的 I0.0 常开触点闭合，常闭触点断开。

在第四阶段，在 CPU 执行程序指令时，从映像区特别是输入映像区中读出程序中所用元件的"0""1"状态，并执行指令，将运算结果实时写入到对应的映像区中。需要注意的是，在程序执行阶段，即使外部输入信号的状态发生了变化，输入映像区对应的元件位也不会随之立即改变，只能等到这个循环扫描周期结束，下个循环扫描周期开始时才能被更新。

在 S7-300 中，系统不断地调用组织块 OB1（相当于 C 语言中的主函数），在主函数中调用其他子程序，包括用户自己编制的子程序（逻辑块 FC 或 FB）和系统自带的子程序（系统逻辑块 SFC 或 SFB）。

在实际工程应用中，中断是不可缺少的工作方式，循环工作过程可以被某些事件中断。S7-300 和 S7-400 的 CPU 为用户提供了多种中断方式，以下几种较为常用。

（1）中断源通过外部电路的输入进入系统，中断服务程序需事先存入组织块 OB40。

（2）系统提供了某些组织块为中断工作方式服务，有 OB10（日期时间中断组织块）和 OB20（延时中断组织块）。

总之，CPU 从第一条指令开始，逐条地执行用户程序，并且循环重复执行。执行指令时，从元件映像区中将有关编程元件的 0/1 状态读出来，并根据指令的要求执行相应的逻辑运算，实时更新映像区，最后的运算结果输出到生产过程的执行机构中。

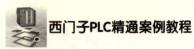

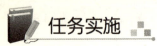

本节任务实施见表 1-5 和表 1-6。

表 1-5　PLC 的结构与工作原理任务书

姓　名		任务名称	PLC 的结构与工作原理
指导教师		同组人员	
计划用时		实施地点	
时　间		备　注	
任务内容			
1. 熟悉 PLC 的基本结构 2. 掌握 PLC 的工作原理			
考核内容	讲述 PLC 的基本结构		
	讲述 PLC 的工作原理		
资　料		工　具	设　备
教材			

第1章 PLC 运动控制技术概述

表1-6 PLC 的结构与工作原理任务完成报告

姓　名		任务名称	PLC 的结构与工作原理
班　级		同组人员	
完成日期		实施地点	

1. 讲述 PLC 的基本结构

2. 描述 PLC 的工作原理，执行一个工作周期有哪些步骤，分别是什么

1.4 S7 系列 PLC 简介

德国西门子公司是世界上较早研制和生产 PLC 产品的主要厂家之一,其产品具有多种型号,以适应各种不同的应用场合,有适用于起重机械或各种气候条件的坚固型,也有适用于狭小空间具有高处理性能的密集型,有的运行速度极快且具有优异的扩展能力。它包括从简单的小型控制器到具有过程计算机功能的大型控制器,可以配置各种输入/输出模块、编程器、过程通信和显示部件等。西门子公司的 PLC 发展到现在,已经有很多系列产品,如 S5、S7、C7、M7 系列等,本书主要以 S7-300、S7-400 系列为例讲解 PLC 的理论和应用。

S7 系列 PLC 是在 S5 系列的基础上研制出来的,它由 S7-200、S7-300、S7-400 组成。

知识准备

1. S7-200 PLC

微型 S7-200 PLC 的结构紧凑、价格低廉,适用于小型的自动化控制系统。其指令处理时间短,减少了循环时间,高速计数器使其可应用于更广泛的领域,高速中断处理能分别响应各种过程事件。它对性能的扩展提供了模块化的扩展能力,用于控制步进电动机的脉冲输出,同样也可用于脉宽调制,为快速、方便地解决复杂的问题提供高效的指令集。

2. S7-300 PLC

模块化 S7-300 PLC 适用于快速的过程处理或对数据处理能力有特别要求的中、小型自动化控制系统。它具有高速的计算能力、完整的指令集、多点接口(MPI)和通过 SINEC LAN 进行联网的能力;它内置多种功能,具有综合诊断能力,它推出的口令保护,简便的连接系统和无限的插入模块组态,使系统组态处理更加方便。由于其快速的指令处理速度,大大缩短了系统循环时间。高性能模块和多种 CPU 为各种各样的需求提供了合适的解决方案。模块扩展能力最多可增加到 3 个扩展基架(ER),极高的安装密度,背板总线安装在每个模块中,以及预先接线系统(TOP 接线),减少了所需空间和费用,同时为连接 SIMATIC 系列各种部件提供了接口,它具有对用户友好的 Windows STEP 7 编程软件和功能强大的编程器。

3. S7-400 PLC

极具通信能力的 S7-400 PLC 适用于大、中型自动控制系统,它指令执行时间极短;在恶劣、不稳定的工业环境下,坚固、全部密封的模板依然可正常工作;无风扇操作降低了安装的

第1章 PLC 运动控制技术概述

费用;在操作运行过程中模板可插拔,分布式的内部总线允许在 CPU 与中央 I/O 间进行非常快速的通信(P 总线与输入/输出模板间进行数据交换,C 总线可将大量数据传送到功能模块和通信模块);一些 CPU 装备了内置的 SINEC L2 DP 接口,保证了对分布式 I/O 进行快速数据交换,其强大的通信模块允许点对点通信,以及用 SINEC L2 和 SINEC Hl 总线系统进行通信。

4. S7-1200 PLC

S7-1200 PLC 属于小型自动化系统应用领域范畴,它吸纳了 SIMATIC S7-300 系列 PLC 和 SIMATIC S7-200 系列 PLC 的一些特点,并融合了 SIMATIC HMI 精简系列面板技术,使 SIMATIC S7-1200 系列 PLC、人机界面及工程组态软件无缝整合和协调,以满足小型独立离散自动化系统对结构紧凑、能处理复杂自动化任务的需求。

1)高度集成的工程组态系统

SIMATIC S7-1200 PLC 系统采用 SIMATIC STEP 7 Basic Totally Integrated Automation Portal V10.5(简称 SIMATIC STEP 7 Basic V10.5 或 TIA Portal V10.5)工程组态软件进行组态和编程。SIMATIC STEP 7 Basic V10.5 中包含了可视化视窗中心 SIMATIC WinCC Basic V10.5,从而可实现过程可视化,也就是说,可以使用 TIA Portal 在同一个工程组态系统中组态 SIMATIC S7-1200 PLC 和 SIMATIC HMI 精简系列面板,统一编程、统一配置硬件和网络、统一管理项目数据及对已组态系统测试、试运行和维护等,并且所有项目数据均存储在一个公共的项目文件中,修改后的应用程序数据(如变量)会在整个项目内(甚至跨越多台设备)自动更新。TIA Portal V10.5 中包含的系统编程和过程可视化组件不是相互独立的,而是可以相互统一访问公共数据库及其编辑器,可以使用一个适合项目中所有任务的公共用户界面来访问所有的编程和可视化功能。

TIA Portal V10.5 的基本应用(见图 1-3)是利用 SIMATIC S7-1200 系列 PLC 通过用户程序来控制机器的,并使用 HMI 设备操作和监视过程。

2)集成可视化和控制

SIMATIC S7-1200 系列 PLC 通过 PROFINET 接口与 SIMATIC HMI 精简系列面板无缝集成,两者间通过集成的 PROFINET 接口进行物理连接,两者间的通信连接可以集中定义。在同一个项目中组态和编程,人机界面可以直接使用 S7-1200 系列 PLC 的变量。变量的交叉引用确保了项目各部分及各种设备中变量的一致性,可以统一在 PLC 变量表中查看或更新。从应用方面看,SIMATIC HMI 精简系列面板处于现场操作和控制的核心位置,根据需要可完成控制系统上层的现场操作和管理，并可上传控制数据。

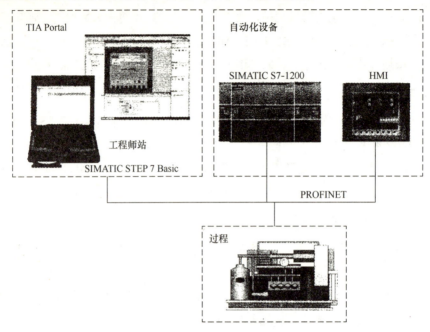

图 1-3　TIA Portal V10.5 的基本应用

如果在不同 PLC 的多个块中及 HMI 画面中使用了过程变量，则可以在程序中的任意位置创建或修改该变量。项目中的变量可以在 PI 的变量表中定义，也可以在 HMI 编辑器中定义，还可以通过 PLC 输入和输出的链接来定义。所有已定义的 PLC 变量都列在 PLC 变量表中，并可在表中进行编辑。

3）集成 PROFINET 接口

SIMATIC S7-1200 系列 PLC 的一个显著特点是在 CPU 模块上集成了一个工业以太网 PROFINET 接口，使编程过程、调试过程、PLC 和人机界面的操作、运行及与第三方设备的通信均可采用工业以太网进行。PROFINET 的物理接口数据传输速率为 10/100Mbps，使得编程过程、调试过程、可编程序控制器和人机界面的操作、运行均可采用工业以太网技术通信。

4）嵌入 CPU 模块本体的信号板

SIMATIC S7-1200 系列 PLC 的另一个显著特点是在 CPU 模块上嵌入一个信号板（SB），这也是 S7-1200 系列 PLC 的一大创新。信号板嵌入在 CPU 模块的前端，可在不增加 CPU 模块占用空间的前提下扩展 CPU 模块的控制能力。信号板嵌入在 CPU 模块的前端，具有两个数字量输入/输出接口或一个模拟量输出。

5）高速输入/输出

SIMATIC S7-1200 系列 PLC 集成了 6 个高速计数器（3 个 100 kHz，3 个 30 kHz）、2 个脉宽调制输出（PWM）和 2 个脉冲串输出（PTO），输出脉冲序列最高频率为 100 kHz。高速计数器可用于精确监视增量编码器、频率计数或对过程事件进行高速计数和测量。高速脉冲输出可用作脉冲串输出（PTO）或脉宽调制输出（PWM）。当组态成 PTO 时，将输出最高频率为 100 kHz 的 50%占空比高速脉冲，可用于步进电动机或伺服驱动器的开环速度控制和定位控制。当组态成 PWM 时，将生成一个具有可变占空比的固定周期输出，可用于控制电动机速度、阀位置或加热元件的占空比。

6）库功能

通过库功能可以在同一个项目和其他已有项目中调用或移植使用项目的组成部分，如硬件配置、变量及程序等。设备和定义的功能可以重复使用，可以将已有项目移植在库中，以便重复使用。代码块、PLC 变量、PLC 变量表、中断、HMI 画面、单个模块或完整站等元素可存储在本地库和全局库中。通过全局库可轻松实现项目之间的数据交换。

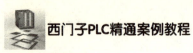

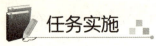

本节任务实施见表 1-7 和表 1-8。

表 1-7　S7 系列 PLC 简介任务书

姓　　名		任务名称	S7 系列 PLC 简介
指导教师		同组人员	
计划用时		实施地点	
时　　间		备　　注	
任务内容			
1. 了解 S7-200 PLC 2. 了解 S7-300 PLC 3. 了解 S7-400 PLC 4. 了解 S7-1200 PLC			
考核内容	讲述 S7-200 PLC 的功能特点		
	讲述 S7-300、S7-400 PLC 的功能特点		
	讲述 S7-1200 PLC 的功能特点		
资　　料	工　　具		设　　备
教材			

表 1-8 S7 系列 PLC 简介任务完成报告

姓　　名		任务名称	S7 系列 PLC 简介
班　　级		同组人员	
完成日期		实施地点	

1. 讲述 S7-200 PLC 的功能特点

2. 讲述 S7-300、S7-400 PLC 的功能特点

3. 讲述 S7-1200 PLC 的功能特点

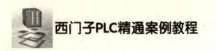

 考核与评价

本章考核与评价见表1-9~表1-11。

表1-9 学生自评表

项目名称			PLC运动控制技术概述				
班　级		姓　名		学　号		组　别	
评价项目	评价内容				评价结果（好/较好/一般/差）		
专业能力	了解PLC的发展概况						
	熟悉PLC的分类及特点						
	掌握PLC的结构与工作原理						
	熟悉S7系列PLC种类及特点						
方法能力	会查阅教科书、使用说明书及手册						
	能够对自己的学习情况进行总结						
	能够如实对自己的情况进行评价						
社会能力	能够积极参与小组讨论						
	能够接受小组的分工并积极完成任务						
	能够主动对他人提供帮助						
	能够正确认识自己的错误并改正						
自我评价及反思							

表 1-10　学生互评表

项目名称		PLC 运动控制技术概述				
被评价人	班　级		姓　名		学　号	
评 价 人						
评价项目	评价内容			评价结果（好/较好/一般/差）		
团队合作	A. 合作融洽					
	B. 主动合作					
	C. 可以合作					
	D. 不能合作					
学习方法	A. 学习方法良好，值得借鉴					
	B. 学习方法有效					
	C. 学习方法基本有效					
	D. 学习方法存在问题					
专业能力（勾选）	了解 PLC 的发展概况					
	熟悉 PLC 的分类及特点					
	掌握 PLC 的结构与工作原理					
	熟悉 S7 系列 PLC 种类及特点					
	会查阅教科书、使用说明书及手册					
综合评价						

表 1-11　教师评价表

项目名称		PLC 运动控制技术概述	
被评价人	班　级	姓　名	学　号
评价项目	评价内容		评价结果（好/较好/一般/差）
专业认知能力	了解 PLC 的发展概况		
	熟悉 PLC 的分类及特点		
	掌握 PLC 的结构与工作原理		
	熟悉 S7 系列 PLC 种类及特点		
专业实践能力	能够简单描述 PLC 的发展概况		
	能够熟练说明 PLC 的工作原理		
	能够举例说明 PLC 种类及特点		
	会查阅教科书、使用说明书及手册		
	能够认真填写报告记录		
社会能力	能够积极参与小组讨论		
	能够接受小组的分工并完成任务		
	能够主动对他人提供帮助		
	能够正确认识自己的错误并改正		
	善于表达与交流		
综合评价			

第 2 章
料车卷扬调速系统的变频调速控制

 学习目标

知识目标

（1）掌握交流电动机、变频器及 PLC 的选型；
（2）掌握变频调速系统的设计；
（3）掌握西门子变频器的操作与应用。

技能目标

（1）能够根据任务需求，选择正确的元件；
（2）能够自主设计变频调速系统；
（3）能够正确操作西门子变频器。

素质目标

（1）增强学生的动手能力，培养学生的团队合作精神；
（2）在技能实践中，促进学生职业素养的养成。

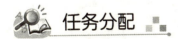 任务分配

2.1 系统概述；
2.2 变频器及主要设备的选择；
2.3 变频调速系统的设计；
2.4 西门子变频器的操作与应用。

2.1 系统概述

知识准备

在高炉炼铁生产线上,一般将把准备好的炉料从地面的储矿槽运送到炉顶的生产机械称为高炉上料设备。它主要包括料车坑、料车、斜桥、上料机。料车的机械传动系统如图 2-1 所示。

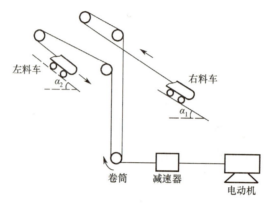

图 2-1 料车的机械传动系统

在工作过程中,两个料车交替上料,当装满炉料的料车上行时,空料车下行,空车重力相当于一个平衡锤,平衡了重料车的车厢自重。这样,上行或下行时,两个料车由一个卷扬机拖动,不但节省了拖动电动机的功率,而且当电动机运转时总有一个重料车上行,没有空行程。这样使拖动电动机总是处于电动状态运行,避免了电动机处于发电运行状态所带来的一些问题。

料车卷扬机是料车上料机的拖动设备,其结构如图 2-2 所示。根据料车的工作过程,卷扬机的工作特点如下:

(1)能够频繁启动、制动、停车、反向运行,转速平稳,过渡时间短。

(2)能够按照一定的速度曲线运行。

(3)调速范围广,一般调速范围为 0.5~3.5 m/s,

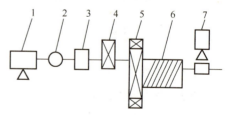

1—电动机;2—联轴节;3—抱闸;4—减速机;
5—卷筒齿轮传动机构;6—卷筒;7—断电器

图 2-2 料车卷扬机的结构

第 2 章　料车卷扬调速系统的变频调速控制

目前料车最大线速度可达 3.8 m/s。

（4）系统工作可靠。料车在进入曲线轨迹段和离开料坑时不能有高速冲击，终点位置能准确停车。

例如，某钢铁厂 100m³ 的高炉，电动机容量为 37kW、转速为 740r/min、卷筒直径为 500mm、总减速比为 15.75、最大钢绳速度为 1.5m/s、料车全行程时间为 40s、钢绳全行程为 51m 等。

料车运行分析：料车在斜桥上的运行分为启动、加速、稳定运行、减速、倾翻和制动共 6 个阶段，在整个过程中包括一次加速、两次减速。

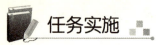

本节任务实施见表 2-1 和表 2-2。

表 2-1 系统概述任务书

姓 名		任务名称	系统概述
指导教师		同组人员	
计划用时		实施地点	
时 间		备 注	
任务内容			
1. 了解高炉上料设备的组成 2. 了解料车卷扬机的工作特点 3. 掌握料车的工作过程			
考核内容	讲述高炉上料设备的组成		
	讲述料车卷扬机的工作特点		
	分析料车的工作过程		
资 料		工 具	设 备
教材			

第 2 章 料车卷扬调速系统的变频调速控制

表 2-2 系统概述任务完成报告

姓　　名		任务名称	系统概述
班　　级		同组人员	
完成日期		实施地点	

1. 高炉上料设备的组成

2. 料车卷扬机的工作特点

3. 分析料车的工作过程

37

2.2 变频器及主要设备的选择

知识准备

1. 变流电动机的选择

料车卷扬调速系统在选择交流异步电动机时，需要考虑以下问题：应注意低频时有效转矩必须满足要求；电动机必须有足够大的启动转矩来确保重载启动。针对本系统100m³的高炉，选用Y280S-8的三相交流感应电动机，其额定功率为37kW、额定电流为78.2A、额定电压为380V、额定转速为740r/min、效率为91%、功率因数为0.79。

2. 变频器的选择

1）变频器的容量

料车卷扬调速系统具有恒转矩特性，重载启动时，变频器的容量应按运行过程中可能出现的最大工作电流来选择，即：

$$I_N > I_{Mmax} \tag{2-1}$$

式中，I_N为变频器的额定电流；I_{Mmax}为电动机的最大工作电流。

变频器的过载能力通常为变频器额定电流的1.5倍，但它只对电动机的启动或制动过程才有意义，不能作为变频器选型时的最大电流。因此，所选择的变频器容量应比变频器说明书中的"配用电动机容量"大一挡至二挡，且应具有无反馈矢量控制功能，使电动机在整个调速范围内具有真正的恒转矩，满足负载特性要求。

本系统选用西门子MM440，额定功率为55kW，额定电流为110A的变频器。该变频器采用高性能的矢量控制技术，具有超强的过载能力，能提供持续3s的200%过载能力，同时提供低速高转矩输出和良好的动态特性。

2）制动单元

从上料卷扬运行速度曲线可以看出，料车在减速或定位停车时，应选择相应的制动单元及制动电阻，使变频器直流回路的泵升电压U_D保持在允许的范围内。

3）控制与保护

料车卷扬调速系统是钢铁生产中的重要环节，拖动控制系统应保证绝对安全可靠。同时，

第 2 章 料车卷扬调速系统的变频调速控制

高炉炼铁生产现场环境较为恶劣，所以系统还应具有必要的故障检测和诊断功能。

3. PLC 的选择

可编程序控制器选用西门子 S7-300，这种型号的 PLC 具有通用性应用、高性能、模块化设计的性能特征，具备紧凑设计模块。由于使用了 MMC 存储数据和程序，系统免维护。电源模块为 PS-307 2A，插入 1 号槽。CPU 为 CPU315-2DP（保留 PROFIBUS-DP 接口，为今后组成网络做准备），型号为 6ES7 315-1AF03-0AB0，插入 2 号槽。数字输入模块选 SM321 DI16×DC24V，型号为 6ES7 321-1BH02-0AA0 两块，一块插入 4 号槽内，地址范围为 I0.0～I0.7 及 I1.0～I1.7，另一块插入 5 号槽内，地址范围为 I4.0～I4.7 及 I5.0～I5.7。数字输出模块选 SM322 DO16×DC24V/0.5A，型号为 6ES7 322-1BH01-0AA0 一块，插入 6 号槽内，地址范围为 Q8.0～Q8.7 及 Q9.0～Q9.7。

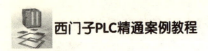

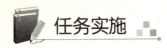

本节任务实施见表 2-3 和表 2-4。

表 2-3　变频器及主要设备的选择任务书

姓　　名		任务名称	变频器及主要设备的选择
指导教师		同组人员	
计划用时		实施地点	
时　　间		备　　注	
任务内容			
1．掌握交流电动机的选择 2．掌握变频器的选择 3．掌握 PLC 的选择			
考核内容	讲述交流电动机的选择		
	讲述变频器的选择		
	讲述 PLC 的选择		
资　　料		工　　具	设　　备
教材			

第 2 章 料车卷扬调速系统的变频调速控制

表 2-4 变频器及主要设备的选择任务完成报告

姓　名		任务名称	变频器及主要设备的选择
班　级		同组人员	
完成日期		实施地点	

1. 讲述在本系统中，交流电动机的选择

2. 讲述在本系统中，变频器的选择

3. 讲述在本系统中，PLC 的选择

2.3 变频调速系统的设计

知识准备

1. 基本工作原理

根据料车运行速度要求，电动机在高速、中速、低速段的速度曲线采用变频器设定的固定频率，运行速度的切换是按照主令控制器发出的信号由 PLC 控制转速的切换。变频调速系统电路原理如图 2-3 所示。根据料车运行速度，可画出变频器频率曲线，在料车上行时变

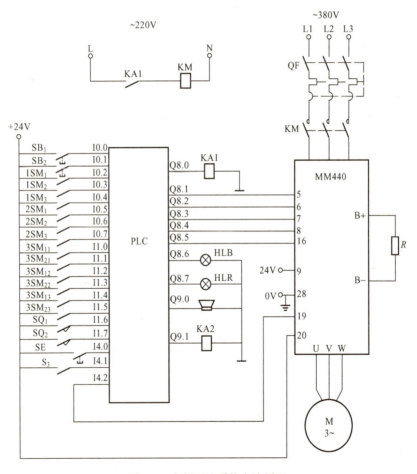

图 2-3 变频调速系统电路原理

第 2 章 料车卷扬调速系统的变频调速控制

频器频率曲线如图 2-4 所示。图中 OA 为重料车启动加速段,加速时间为 3s;AB 为料车高速运行段,f_1=50Hz 为高速运行对应的变频器频率,电动机转速为 740r/min,钢绳速度为 1.5m/s;BC 为料车的第一次减速段,由主令控制器发出第一次减速信号给 PLC,由 PLC 控制变频器 MM440,使频率从 50Hz 下降到 20Hz,电动机转速从 740r/min 下降到 296r/min,钢绳速度从 1.5m/s 下降到 0.6m/s,减速时间为 1.8s;CD 为料车中速运行段,频率为 f_2=20Hz;DE 为料车第二次减速段,由主令控制器发出第二次减速信号给 PLC,由 PLC 控制 MM440,使频率从 20Hz 下降到 6Hz,电动机转速从 296r/min 下降到 88.8r/min,钢绳速度从 0.6m/s 下降到 0.18m/s;EF 为料车低速运行段,频率为 6Hz;FG 为料车制动停车段,当料车运行至高炉顶端时,限位开关发出停车命令,由 PLC 控制 MM440 完成停车。左、右料车运行速度曲线一致。

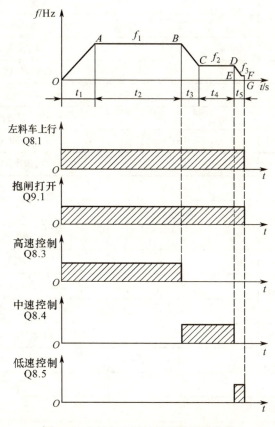

图 2-4 在料车上行时变频器频率曲线

2. 变频器参数设置

按图 2-3 所示接线，合上电源，开始设置变频器 MM440 的参数，设置 P0010=30，P0970=1，然后按下 P 键，使变频器恢复到出厂默认值。MM440 参数设置见表 2-5。

表 2-5 MM440 参数设置

参 数 号	设 置 值	说　　明
P0100	0	功率以 kW 表示，频率为 50 Hz
P0300	1	电动机类型选择（异步电动机）
P0304	380	电动机额定电压（V）
P0305	78.2	电动机额定电流（A）
P0307	37	电动机额定功率（kW）
P0309	91	电动机额定效率（%）
P0310	50	电动机额定频率（Hz）
P0311	740	电动机额定转速（r/min）
P0700	2	命令源选择"由端子排输入"
P0701	1	ON 接通正转，OFF 停止
P0702	2	ON 接通反转，OFF 停止
P0703	17	选择固定频率（Hz）
P0704	17	选择固定频率（Hz）
P0705	17	选择固定频率（Hz）
P0731	52.3	变频器故障
P1000	3	选择固定频率设定值
P1001	50	设置固定频率 f_1=50 Hz
P1002	20	设置固定频率 f_2=20 Hz
P1004	6	设置固定频率 f_3=6 Hz
P1080	0	电动机运行的最低频率（Hz）
P1082	50	电动机运行的最高频率（Hz）
P1120	3	斜坡上升时间（s）
P1121	3	斜坡下降时间（s）
P1300	20	变频器为无速度反馈的矢量控制

第 2 章 料车卷扬调速系统的变频调速控制

3. S7-300 PLC 程序设计

S7-300 PLC 的 I/O 地址分配表见表 2-6,数字输出对应 MM440 变频器的高、中、低三种运行频率,MM440 运行频率表见表 2-7。

表 2-6 S7-300 PLC 的 I/O 地址分配表

输入设备	输入地址	输入设备	输入地址
主接触器合闸按钮 SB1	I0.0	右料车限位开关 SQ2	I1.7
主接触器分闸按钮 SB2	I0.1	急停开关 SE	I4.0
1SM 左料车上行触头 1SM1	I0.2	松绳保护开关 S3	I4.1
1SM 右料车上行触头 1SM2	I0.3	变频器故障保护输出 19、20	I4.2
1SM 手动停车触头 1SM3	I0.4	变频器合闸继电器 KA1	Q8.0
2SM 手动操作触头 2SM1	I0.5	左料车上行(5 端口)	Q8.1
2SM 自动操作触头 2SM2	I0.6	左料车上行(6 端口)	Q8.2
2SM 停车触头 2SM3	I0.7	高速运行(7 端口)	Q8.3
3SM 左料车快速上行触头 3SM11	I1.0	中速运行(8 端口)	Q8.4
3SM 右料车快速上行触头 3SM21	I1.1	低速运行(16 端口)	Q8.5
3SM 左料车中速上行触头 3SM12	I1.2	工作电源指示 HB	Q8.6
3SM 右料车中速上行触头 3SM22	I1.3	故障灯光指示 HR	Q8.7
3SM 左料车慢速上行触头 3SM13	I1.4	故障声响报警 Hz	Q9.0
3SM 右料车慢速上行触头 3SM23	I1.5	抱闸继电器 KA2	Q9.1
左料车限位开关 SQ1	I1.6		

表 2-7 MM440 运行频率表

固定频率	Q8.5 对应 16 端口	Q8.4 对应 8 端口	Q8.3 对应 7 端口	MM440 频率参数	MM440 频率(Hz)
高 f_1	0	0	1	P1001	50
中 f_2	0	1	0	P1002	20
低 f_3	1	0	0	P1004	6

利用西门子 STEP 7 软件编写 PLC 梯形图程序进行速度控制。

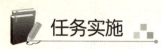

本节任务实施见表 2-8 和表 2-9。

表 2-8 变频调速系统的设计任务书

姓　名		任务名称	变频调速系统的设计
指导教师		同组人员	
计划用时		实施地点	
时　间		备　注	
任务内容			

1. 分析变频调速的基本工作原理
2. 掌握变频器参数设置
3. 掌握 S7-300 PLC 程序设计

考核内容	分析变频调速的基本工作原理
	讲述变频器参数设置
	讲述 S7-300 PLC 程序设计

资　料	工　具	设　备
教材		

第 2 章　料车卷扬调速系统的变频调速控制

表 2-9　变频调速系统的设计任务完成报告

姓　　名		任务名称	变频调速系统的设计
班　　级		同组人员	
完成日期		实施地点	

1. 描述在料车卷扬调速系统中，变频调速的基本工作原理

2. 列出在料车卷扬调速系统中变频器的参数设置表

3. 列出在料车卷扬调速系统中 S7-300 PLC I/O 地址分配表

4. 利用西门子 STEP 7 软件编写 PLC 梯形图程序进行速度控制

2.4 西门子变频器的操作与应用

知识准备

1. MM4 系列变频器简介

MM4 系列变频器具有多种控制特性，其中矢量控制功能采用最新软件及高性能 32 位微处理器，利用磁通电流控制（FCC）功能增强了系统动态响应特性和电动机的控制特性，具有对输入信号高速响应特性，可以在各种频率和负载状态下优化电动机的端电压，具有电动机参数识别功能及自动调整功能，从而保证变频器在瞬变负载下具有对跳闸、失速的抗扰性，并且在提供足够负载转矩的情况下保证电动机的热效应最小；转差补偿功能可以在负载变化时维持电动机的速度恒定；利用快速电流限制（FCL）功能实现无跳闸运行；"捕捉再启动"功能可以在电源短时断电的情况下，自动搜寻电动机的速度并再启动；多点 U/f 控制特性曲线，可以用于驱动同步电动机和磁阻电动机；具有参数化 PI 控制器功能，可用于一般的过程控制。加速/减速斜坡特性具有可编程的平滑功能，如起始和结束段带平滑圆弧或起始和结束段不带平滑圆弧。采用直流制动器或复合制动方法实现快速制动，能保证电动机的减速停车时间最短，并具有快速电流限制功能。带有集成 EMC（电磁兼容性）滤波器和制动斩波器，以及一个制动断路器，可由 IT（中性点不接地）电源供电。MM4 系列变频器可用于简单的位置控制，具有良好的信号阶跃响应、跟随特性和控制精度。通过外部控制器也可对双轴同步系统进行控制。

除上述特性外，MM4 系列变频器还具有以下与众不同的显著特点。

（1）采用内部功能二进制互连技术（BiCo）。内部功能互连技术也称自由交换技术，是一种将输入和输出功能结合在一起的设置方法，也是一种"可逆的"连接方式。通过对 BiCo 功能的设置，使变频器的输入/输出功能软件化，变频器的内部功能互连，从而在输入（数字、模拟、串行通信等）和输出（变频器的电流、频率、模拟输出、继电器输出触点等）之间建立一种布尔代数关系式，使输出功能反过来又"连接"到输入，实现输入和输出的自由交换，这样，就将模拟输出参数与变频器内部的设定参数互相联系起来，有利于对变频器的参数进行远程监控。

（2）具有可选的文本显示操作面板。西门子标准系列通用变频器有 3 种 LCD 文本显示

第 2 章 料车卷扬调速系统的变频调速控制

操作面板可供选择：状态显示面板（SDP）、基本操作面板（BOP）和高级操作面板（AOP）。内置 RS-232/RS-485 接口可与 PC 相连，三种操作面板可以互相替换，而且与变频器插接非常方便，能够方便地插在变频器前面板上，可以通过电缆连接作为手动终端，也可以利用安装组合件安装在控制柜的柜门上作为简单的人机界面。其中，BOP 和 AOP 为可选件，SDP 是标准配置，在标准供货方式时预置。利用 SDP 能对变频器进行基本操作，但不具有参数设定功能，对于多数情况下的一般用途，利用 SDP 和制造厂的默认参数设置值就能满足要求。基本操作面板（BOP）用于对单台变频器进行参数调试，利用 BOP 可以更改变频器的各个参数，BOP 具有 5 位数字显示功能，可以显示参数的序号、数值、报警和故障信息，以及该参数的设定值和实际值，但 BOP 不能存储参数信息。高级操作面板（AOP）可以上传/下载变频器的多组参数值，可通过计算机编程，最多可以存储 10 组参数设定值，存储的各组数据可以直接或通过 USS 通信协议装入其他的 MM4 通用变频器中，还可以用几种语言相互切换显示说明文本，通过 USS 通信协议连接后，可组态、调试和控制连接在一个网络上的 31 台变频器。当 AOP 连接到 MM4 变频器网络上时，给每台变频器指定唯一的 RS-485 USS 地址，地址范围为 0～30，并有两种操作方式：一种是 AOP 的主站操作方式，允许 AOP 访问网络上的每一台变频器，包括对全部控制方式/参数数值的访问；另一种是对网络上所有变频器的广播方式，可同时设定为启动/停止。

（3）丰富的控制和调试软件。西门子标准系列通用变频器具有多种可选的控制和调试软件，如 SIMOVIS 调试软件、Starter 控制和调试软件，以及 Drive Monitor 软件等。其中，SIMOVIS 调试软件基于 Windows 95/NT 操作系统，可用于控制西门子标准系列通用变频器；可通过 PC 访问串行总线上的一个或多个变频器；通过存储于 PC 中的参数控制和调试变频器、上传/下载变频器的参数设定；可离线修改存储于 PC 中的参数；可通过 PROFIBUS-DP 总线与各种自动化设备相连，并集成于 S7 管理器中。Starter 控制和调试软件是西门子变频器的调试运行向导的启动软件，适用于 Windows NT/2000 操作系统，它可以进行对变频器参数表的读出、修改、存储、输入和打印等操作。Drive Monitor 软件具有与 Starter 控制和调试软件类似的功能，适用于 Windows 95/98 操作系统。

（4）参数结构友好。MM4 系列变频器的显著特点是具有对用户友好的新型参数结构，安装和调试方便。新型的结构参数组（一组设定参数的数值）将一些通用参数分离出来，组成"快速调试"参数组，在"快速启动指南"中附有用于编程的程序流程图，用户只需根据它设定 12 个参数即可完成大多数应用对象的设定。若需要更多的参数设定，可以访问"扩展的"参数组,在"扩展的"参数方式下,所有的参数都分离出来放入逻辑参数组,通过软件"过滤器"在很短的时间内就可以选定这些参数。可编程的数字输入/输出(I/O)在扩展方式下有 16 个参数设定值,在专用方式下参数设定值超过 100 个,用户可以根据需要的数字输入/输出和模拟输入/输出灵活地编程,可以设定模拟输入/输出的偏移量和数值范围、与数字设定值相加等。

(5) 结构新颖。MM4 系列变频器在结构上具有连接、安装简便易行的特点,其输入、输出端子配有彩色标志,控制电缆连接端子采用彩色编码快速释放端子,接线方便,并且耐振动性能高;电源输入线和电动机输出线的排列方法使电缆的拆卸和连接很方便,使用十字形或一字形螺钉旋具都可以把电缆固定在电缆钳中;具有两个独立的接地端子,分别用于电源进线的接地线和电动机电缆的接地线的连接;还有一个电缆屏蔽板供用户选用,便于带屏蔽的电动机电缆和控制电缆的连接。MM4 系列变频器具有可拆卸的"Y"形接线电容器。MM4 系列变频器采用了钢制底板以及经专门淬火的耐油塑料制成的外壳,能够在恶劣环境条件下使用,由于采用了光隔离和差动控制输入,其对共模干扰具有足够的抗扰性。

(6) 复合制动。复合制动是在斜坡曲线停车中采用的一种软件调制技术,不需要额外的制动电阻,是通过控制向电动机绕组中提供的直流电实现的,制动过程的能量消耗在电动机中相当于再生制动,具有线性制动、可控、制动转矩大、制动效率高(可达 50%以上)等优点,复合制动在小功率电动机制动的场合最为有效。

2. MM440 矢量型标准变频器

MM440 矢量型标准变频器(简称 MM440 变频器)应用高性能的矢量控制技术,采用微处理器控制,并采用具有现代先进技术水平的绝缘栅双极型晶体管(IGBT)作为功率输出器件,因此,MM440 变频器具有很高的运行可靠性和功能的多样性。由于脉冲宽度调制的开关频率是可选的,因此降低了电动机的运行噪声。全面而完善的保护功能为变频器和电动机提供了良好的保护。MM440 变频器是适用于三相电动机速度控制和转矩控制的系列变频器,功率范围涵盖 120W~200kW 或 250kW 的多种型号可供用户选用。

当 MM440 变频器使用默认的工厂设置参数时,可方便地用于传动控制系统。由于它具有全面而完善的控制功能,在设置相关参数后,也适用于需要多种功能的电动机控制系统。MM440 变频器既可用于单机驱动系统,也可集成到自动化系统中。控制端子号、标识符及功能见表 2-10。

第 2 章　料车卷扬调速系统的变频调速控制

表 2-10　控制端子号、标识符及功能

端子号	标 识 符	功　　能
1	—	输出 +10 V
2	—	输出 0 V
3	AIN1+	模拟输入 1+
4	AIN1-	模拟输入 1-
5	DIN1	数字输入 1
6	DIN2	数字输入 2
7	DIN3	数字输入 3
8	DIN4	数字输入 4
9	—	带电位隔离的输出 +24 V/最大 100 mA
10	AIN2+	模拟输入 2+
11	AIN2-	模拟输入 2-
12	AOUT1+	模拟输出 1+
13	AOUT1-	模拟输出 1-
14	PTCA	连接温度传感器 PTC/KTY84
15	PTCB	连接温度传感器 PTC/KTY84
16	DIN5	数字输入 5
17	DIN6	数字输入 6
18	DOUT1/NC	数字输出 1/NC 常闭触头
19	DOUT1/NO	数字输出 1/NO 常开触头
20	DOUT1/COM	数字输出 1/切换触头
21	DOUT2/NO	数字输出 2/NO 常开触头
22	DOUT2/COM	数字输出 2/切换触头
23	DOUT3/NC	数字输出 3/NC 常闭触头
24	DOUT3/NO	数字输出 3/NO 常开触头
25	DOUT3/COM	数字输出 3/切换触头
26	AOUT2+	模拟输出 2+
27	AOUT2-	模拟输出 2-
28	—	带电位隔离的输出 0 V/最大 100 mA
29	P+	RS-485 串口
30	P-	RS-485 串口

1）常用的参数

MM440 变频器的常用参数见表 2-11。

表 2-11　MM440 变频器的常用参数

参 数 号	参 数 名 称	默 认 值	用户访问级
r0000	驱动装置只读参数的显示值	—	1
P0003	用户的参数访问级	1	1
P0004	参数过滤器	0	1
P0010	调试用的参数过滤器	0	1
P0014	存储方式	0	3
P0199	设备的系统序号	0	2

2）快速调试参数

MM440 变频器的快速调试参数见表 2-12。

表 2-12　MM440 变频器的快速调试参数

参 数 号	参 数 名 称	默 认 值	用户访问级
P0100	适用于欧洲/北美地区	0	1
P3900	"快速调试"结束	0	1

3）变频器参数（P0004=2）

变频器参数见表 2-13。

表 2-13　变频器参数

参 数 号	参 数 名 称	默 认 值	用户访问级
r0018	硬件的版本	—	1
r0026	CO：直流回路电压实际值	—	2
r0037	CO：变频器温度（℃）	—	3
r0039	CO：能量消耗计量表（kW·h）	—	2
P0040	能量消耗计量表清零	0	2
r0070	CO：直流回路电压实际值	—	3
r0200	功率组合件的实际标号	—	3
P0201	功率组合件的标号	0	3
r0203	变频器的实际型号	—	3
r0204	功率组合件的特征	—	3

第 2 章 料车卷扬调速系统的变频调速控制

续表

参数号	参数名称	默认值	用户访问级
P0205	变频器的应用领域	0	3
r0206	变频器的额定功率	—	2
r0207	变频器的额定电流	—	2
r0208	变频器的额定电压	—	2
r0209	变频器的最大电流	—	2
P0210	电源电压	230	3
r0231	电缆的最大长度	—	3
P0290	变频器的过载保护	2	3
P0292	变频器的过载报警信号	15	3
P1800	脉宽调制频率	4	2
r1801	CO：脉宽调制的开关频率实际值	—	3
P1802	调制方式	0	3
P1820	输出相序反向	0	2
P1911	自动测定（识别）的相数	3	2
r1925	自动测定的 IGBT 通态电压	—	2
r1926	自动测定的门控单元死区	—	2

3. MM440 变频器的电气安装

1）电源和电动机端子的接线和拆卸

在拆下前盖后，可以拆卸和连接 MM440 变频器与电源和电动机的接线端子，当变频器的前盖已经打开并露出接线端子时，电源与电动机端子的连接如图 2-5 所示。

在变频器与电动机和电源线连接时必须注意以下几点。

（1）变频器必须接地。

（2）在变频器与电源线连接或更换变频器的电源线之前，应完成电源线的绝缘测试。

（3）确认电动机与电源电压的匹配是正确的。

（4）不允许将 MM440 变频器连接到电压更高的电源上。

（5）连接同步电动机或并联几台电动机时，变频器必须在 U/f 控制特性下（P1300=0、2 或 3）运行。

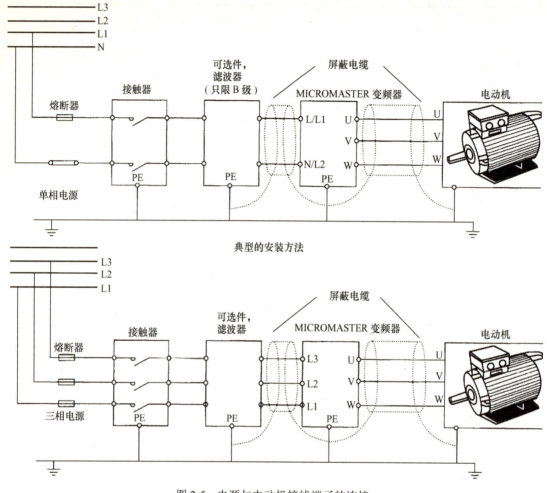

图 2-5 电源与电动机接线端子的连接

（6）电源线和电动机线与变频器相应的接线端子连接好后，在接通电源前必须确保变频器的前盖已经盖好。

（7）确定供电电源与变频器之间已经正确接入与其额定电流相应的断路器、熔断器。

2）制动单元的接线

以外形尺寸为 GX 型的变频器为例，在变频器的顶部附有拆卸和连接直流回路接线的端子，这些接线端子可以连接外部的制动单元，连接导线的最大截面积是 $50mm^2$。

第 2 章 料车卷扬调速系统的变频调速控制

4. MM440 变频器的调试

MM440 变频器在出厂时带有状态显示板（SDP），SDP 上有两个 LED，用于显示变频器的工作状态。在简单的场合中，使用出厂默认设置，不需要任何调整和设置就可以直接投入使用。但要注意，变频器的默认设置（与型号和容量有关）是按四级电动机的以下数据进行配置的：

（1）电动机的额定功率，P0307；

（2）电动机的额定电压，P0304；

（3）电动机的额定电流，P0305；

（4）电动机的额定频率，P0310。

建议采用西门子的标准电动机，并且必须满足以下条件。

（1）由数字输入端控制（ON/OFF 命令），其默认设置见表 2-14。

表 2-14 数字输入的默认设置

数字输入	端子	参数	功能	激活
命令信号源	—	P0700=2	端子板	是
数字输入 1	5	P0701=1	ON/OFF1	是
数字输入 2	6	P0702=12	反转	是
数字输入 3	7	P0703=9	故障确认	是
数字输入 4	8	P0704=15	固定频率设定值（直接方式）	否
数字输入 5	16	P0705=15	固定频率设定值（直接方式）	否
数字输入 6	17	P0706=15	固定频率设定值（直接方式）	否
数字输入 7	经由 ADC1	P0707=0	禁止数字输入	否
数字输入 8	经由 ADC2	P0708=0	禁止数字输入	否

（2）通过模拟输入 1 输入设定值，P1000=2。

（3）感应电动机，P0300=1。

（4）电动机冷却方式为自冷，P0335=0。

（5）电动机的过载系数，P0640=150%。

（6）最小频率，P1080=0Hz。

（7）最大频率，P1082=50Hz。

（8）斜坡上升时间，P1120=10s。

（9）斜坡下降时间，P1121=10s。

（10）线性的 U/f 特性，P1300=0。

调试 MM440 变频器，必须先完成以下工作。

（1）电源频率 50/60 Hz 的切换。

（2）快速调试。

（3）电动机数据的自动检测。

（4）计算电动机数据/控制数据。

（5）串行通信。

（6）工程应用的调试。

1）电动机数据的自动检测

为了实现变频器与电动机的最佳匹配，应计算等效电路的数据和电动机的磁化特性。MM440 变频器具有检测电动机技术数据的功能。

设定参数 P1910=1，自动检测电动机的数据和变频器的特性，并改写以下参数的数值。

（1）P0350：定子电阻。

（2）P0354：转子电阻。

（3）P0356：定子漏抗。

（4）P0358：转子漏抗。

（5）P0360：主电抗。

（6）P1825：IGBT 的通态电压。

（7）P1828：触发控制单元连锁时间补偿（门控死区）。

电动机的磁化特性是通过运行电动机数据自动检测程序得到的。如果要求电动机−变频器系统在弱磁区运行，特别是要求采用矢量控制的情况下，就必须得到磁化特性，有了磁化特性，变频器可以更精确地计算在弱磁区里产生磁通的电流，并由此得到精度更高的转矩计算值。

设定参数 P1910=3，自动检测饱和曲线，并改写以下参数的数值。

（1）P0362~P0365：磁化曲线的磁通 1~4。

（2）P0366~P0369：磁化曲线的磁化电流 1~4。

电动机的铭牌数据是进行技术参数自动检测的原始数据，因此在确定上述数据时必须输入正确和协调一致的铭牌数据。

第 2 章 料车卷扬调速系统的变频调速控制

2）电动机数据/控制数据的计算

内部的电动机数据/控制数据是利用参数 P0340 进行计算的,或者间接地利用参数 P1910 进行计算。如等值电路图的数据或转动惯量的数值已知时,可利用参数 P0340 的功能计算内部的电动机数据/控制数据。

（1）P0340=0：不进行计算。

（2）P0340=1：全部参数化（计算所有的电动机数据/控制数据）。

（3）P0340=2：计算等值电路图的数据。

（4）P0340=3：计算 U/f 控制和欠量控制的数据。

（5）P0340=4：只计算控制器的设置值。

3）PID 参数自动整定

PID 参数自动整定是系统参数自动辨识和控制器 PID 参数自动整定相结合的一种自适应控制技术。参数 P2350 用于 PID 参数自动整定。

（1）P2350=0：禁止 PID 参数自动整定。

（2）P2350=1：标准的 Ziegler-Nichols（ZN）参数整定,属于对阶跃信号 1/4 阻尼的响应特性。

（3）P2350=2：按照这种参数整定 PID 时,对阶跃信号的响应有一些超调,但其响应速度比 P2350=1 时要快一些。

（4）P2350=3：按照这种参数整定 PID 时,对阶跃信号的响应有微小的超调或没有超调,但其响应速度不如 P2350=2 时快。

（5）P2350=4：按照这种参数整定 PID 时,只改变 P 和 I 的数值,属于对阶跃信号 1/4 阻尼的响应特性。

4）使用基本操作面板（BOP）进行调试

使用基本操作面板（BOP）可以更改变频器的各个参数。为了用 BOP 设置参数,用户首先必须将状态显示屏（SDP）从变频器上拆下来,然后装上基本操作面板（BOP）。

BOP 具有 5 位数字的七段显示,用于显示参数的序号、数值、报警和故障信息,以及该参数的设定值和实际值。BOP 不能储存参数的信息。

表 2-15 所示为采用 BOP 操作时变频器的默认设置值。

表 2-15 采用 BOP 操作时变频器的默认设置值

参　数	说　明	默认值，欧洲（或北美）地区
P0100	运行方式，欧洲/北美	50Hz，kW（60Hz，hp）
P0307	功率（电动机额定值）	量纲［kW（hp）］取决于 P0100 的设定值
P0310	电动机的额定频率	50Hz（60Hz）
P0311	电动机的额定速度	1395（1680）r/min（取决于变量）
P1082	最大电动机频率	50Hz（60Hz）

在采用默认设置值时，用 BOP 控制电动机的功能是被禁止的。如果要用 BOP 进行控制，参数 P0700 应设置为 1，参数 P1000 也应设置为 1。

当变频器加上电源时，也可以把 BOP 装到变频器上，或者从变频器上将 BOP 拆下来。

如果 BOP 已经设置为 I/O 控制（P0700=1），在拆卸 BOP 时，变频器驱动装置将自动停车。

5. MM440 变频器的开关量运行

MM440 变频器有 6 个数字输入端口，用户可根据需要设置每个端口的功能。P0701～P0706 为数字输入 1 功能至数字输入 6 功能，每个数字输入功能设置参数值范围均为 0～99，工厂默认值为 1，下面列出其中的几个参数值，并说明其含义。

（1）参数值为 1：ON 接通正转，OFF1 停车。

（2）参数值为 2：ON 接通反转，OFF1 停车。

（3）参数值为 3：OFF2（停车命令 2），按惯性自由停车。

（4）参数值为 4：OFF3（停车命令 3），按斜坡函数曲线快速降速。

（5）参数值为 9：故障确认。

（6）参数值为 10：正向点动。

（7）参数值为 11：反向点动。

（8）参数值为 17：固定频率设定值。

（9）参数值为 25：直流注入制动。

MM440 变频器数字输入控制端口开关量运行接线图如图 2-6 所示。在图 2-6 中，SB1～SB4 为带自锁按钮，分别控制数字输入 5～8 端口。端口 5 设置为正转控制，其功能由 P0701 的参数值设置。端口 6 设置为反转控制，其功能由 P0702 的参数值设置。端口 7 设置为正向点动控制，其功能由 P0703 的参数值设置。端口 8 设置为反向点动控制，其功能由 P0704 的参数值设置。频率和时间各参数在变频器的前操作面板上直接设置。

第 2 章 料车卷扬调速系统的变频调速控制

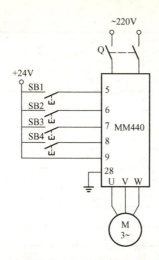

图 2-6 MM440 变频器数字输入控制端口开关量运行接线图

系统操作步骤如下。

（1）连接电路，检查接线正确后合上变频器电源空气开关 Q。

（2）恢复变频器工厂默认值。按下 P 键，变频器复位到工厂默认值。

（3）设置电动机参数。设置 P0010=0，变频器当前处于准备状态，可正常运行。

（4）设置数字输入控制端口开关量运行参数，见表 2-16。

表 2-16 数字输入控制端口开关量运行参数

参 数 号	出 厂 值	设 置 值	说　明
P0003	1	1	设用户访问级为标准级
P0004	0	7	命令和数字 I/O
P0700	2	2	命令源选择"由端子排输入"
P0003	1	2	设用户访问级为扩展级
P0004	0	7	命令和数字 I/O
*P0701	1	1	ON 接通正转，OFF 停车
*P0702	1	2	ON 接通反转，OFF 停车
*P0703	9	10	正向点动
*P0704	15	11	反向点动
P0003	1	1	设用户访问级为标准级
P0004	0	10	设定值通道和斜坡函数发生器
P1000	2	1	由键盘（电动电位计）输入设定值
*P1080	0	0	电动机运行的最低频率（Hz）

续表

参数号	出厂值	设置值	说　明
*P1082	50	50	电动机运行的最高频率（Hz）
*P1120	10	5	斜坡上升时间（s）
*P1121	10	5	斜坡下降时间（s）
P0003	1	2	设用户访问级为扩展级
P0004	0	10	设定值通道和斜坡函数发生器
*P1040	5	20	设定键盘控制的频率值
*P1058	5	10	正向点动频率（Hz）
*P1059	5	10	反向点动频率（Hz）
*P1060	10	5	点动斜坡上升时间（s）
*P1061	10	5	点动斜坡下降时间（s）

注：带"*"的参数可以根据用户的需要改变。

（5）数字输入控制端口开关操作运行控制。

① 电动机正向运行。当按下按钮 SB1 时，变频器数字输入端口 5 为"ON"，电动机按 P1120 所设置的 5s 斜坡上升时间正向启动，经 5s 后稳定运行在 560 r/min 的转速上。此转速与 Pl040 所设置的 20Hz 频率对应。松开按钮 SB1，数字输入端口 5 为"OFF"，电动机按 P1121 所设置的 5s 斜坡下降时间停止运行。

② 电动机反向运行。如果要使电动机反向运行，则按下按钮 SB2，变频器数字输入端口 6 为"ON"，电动机按 P1120 所设置的 5s 斜坡上升时间反向启动，经 5s 后反向运行在 560r/min 的转速上。此转速与 P1040 所设置的 20Hz 频率对应。松开按钮 SB2，数字输入端口 6 为"OFF"，电动机按 P1121 所设置的 5s 斜坡下降时间停止运行。

③ 电动机正向点动运行。当按下正向点动按钮 SB3 时，变频器数字输入端口 7 为"ON"，电动机按 P1060 所设置的 5s 点动斜坡上升时间正向点动运行，经 5s 后正向稳定运行在 280 r/min 的转速上。此转速与 P1058 所设置的 10Hz 频率对应。当松开按钮 SB3 时，数字输入端口 7 为"OFF"，电动机按 P1061 所设置的 5s 点动斜坡下降时间停止运行。

④ 电动机反向点动运行。当按下反向点动按钮 SB4 时，变频器数字输入端口 8 为"ON"，电动机按 P1060 所设置的 5s 点动斜坡上升时间反向点动运行，经 5s 后反向稳定运行在 280 r/min 的转速上，此转速与 P1058 所设置的 10Hz 频率对应。当松开按钮 SB4 时，数字输入端口 8 为"OFF"，电动机按 P1061 所设置的 5s 点动斜坡下降时间停止运行。

6. MM440 变频器的模拟量运行

MM440 变频器可以通过 6 个数字输入端口对电动机进行正、反转运行和正、反转点动运行方向控制,通过 BOP 或 AOP 来设置正、反向转速的大小;也可以由数字输入端口控制电动机的正、反转方向,由模拟输入端控制电动机转速的大小。MM440 变频器为用户提供了两对模拟输入端口,即端口 3、4 和端口 10、11,模拟信号操作时的接线如图 2-7 所示。

在图 2-7 中,通过设置 P0701 的参数值,使数字输入端口 5 具有正转控制功能;通过设置 P0702 的参数值,使数字输入端口 6 具有反转控制功能;模拟输入端口 3、4 外接电位器,通过端口 3 输入大小可调的模拟电压信号,控制电动机转速的大小,即由数字输入端口控制电动机转速的方向,而由模拟输入端口控制转速的大小。

由图 2-7 可知,MM440 变频器的输出端口 1、2 为转速调节电位器 RP1 提供 +10V 直流稳压电源。为了确保交流调速系统的控制精度,MM440 变频器通过输出端口 1、2 为用户的给定单元提供一个高精度的直流稳压电源。

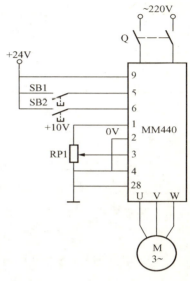

图 2-7 模拟信号操作时的接线

系统操作步骤如下。

(1)连接电路,检查接线正确后合上变频器电源空气开关 Q。
(2)恢复变频器工厂默认值。按下 P 键,变频器复位到工厂默认值。
(3)设置电动机参数。设置 P0010=0,变频器当前处于准备状态,可正常运行。
(4)设置模拟信号操作控制参数。模拟信号操作控制参数见表 2-17。

表 2-17 模拟信号操作控制参数

参 数 号	出 厂 值	设 置 值	说 明
P0003	1	1	设用户访问级为标准级
P0004	0	7	命令和数字 I/O
P0700	2	2	命令源选择"由端子排输入"
P0003	1	2	设用户访问级为扩展级
P0004	0	7	命令和数字 I/O
*P0701	1	1	ON 接通正转,OFF 停车
*P0702	1	2	ON 接通反转,OFF 停车

续表

参 数 号	出 厂 值	设 置 值	说　　明
P0003	1	1	设用户访问级为标准级
P0004	0	10	设定值通道和斜坡函数发生器
P1000	2	2	频率设定值选择为"模拟输入"
*P1080	0	0	电动机运行的最低频率（Hz）
*P1082	50	50	电动机运行的最高频率（Hz）
*P1120	10	5	斜坡上升时间（s）
*P1121	10	5	斜坡下降时间（s）

注：带"*"的参数可以根据用户的需要改变。

（5）模拟信号操作控制。

① 电动机正向运行。当按下电动机正向运行按钮 SB1 时，数字输入端口 5 为"ON"，电动机正向运行，转速由外接电位器 RP1 来控制，模拟电压信号从 0～+10V 变化，对应变频器的频率从 0～50Hz 变化，通过调节电位器 RP1 改变 MM440 变频器端口 3 模拟输入电压信号的大小，可平滑无级地调节电动机转速的大小。当松开按钮 SB1 时，电动机停止运行。通过 P1120 和 P1121 参数，可设置斜坡上升时间和斜坡下降时间。

② 电动机反向运行。当按下电动机反向运行按钮 SB2 时，数字输入端口 6 为"ON"，电动机反向运行，与电动机正向运行相同，反向运行转速的大小仍由外接电位器 RP1 来调节。当松开按钮 SB2 时，电动机停止运行。

第 2 章 料车卷扬调速系统的变频调速控制

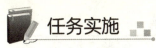任务实施

本节任务实施见表 2-18 和表 2-19。

表 2-18 西门子变频器的操作与应用任务书

姓　　名		任务名称	西门子变频器的操作与应用
指导教师		同组人员	
计划用时		实施地点	
时　　间		备　　注	
任务内容			
1. 了解 MM4 系列变频器的特性 2. 掌握 MM440 矢量型标准变频器的参数设置 3. 掌握 MM440 变频器的电气安装 4. 掌握 MM440 变频器的调试 5. 掌握 MM440 变频器的开关量和模拟量运行			
考核内容	讲述 MM4 系列变频器的特性		
	讲述 MM440 矢量型标准变频器的参数设置		
	讲述 MM440 变频器的电气安装		
	讲述 MM440 变频器的调试		
	讲述 MM440 变频器的开关量和模拟量运行		
资　　料		工　　具	设　　备
教材			

表 2-19 西门子变频器的操作与应用任务完成报告

姓　　名		任务名称	西门子变频器的操作与应用
班　　级		同组人员	
完成日期		实施地点	

1. 讲述 MM4 系列变频器的特性

2. 在本系统中，讲述 MM440 矢量型标准变频器的参数设置

3. 在本系统中，讲述 MM440 变频器与电动机和电源线连接注意事项

4. 在本系统中，讲述 MM440 变频器调试的一般步骤

5. 在本系统中，讲述 MM440 变频器的开关量和模拟量运行控制电动机的方式

第 2 章 料车卷扬调速系统的变频调速控制

 考核与评价

本章考核与评价见表 2-20～表 2-22。

表 2-20 学生自评表

项目名称	料车卷扬调速系统的变频调速控制			
班 级	姓 名	学 号		组 别
评价项目	评价内容			评价结果（好/较好/一般/差）
专业能力	熟悉系统任务需求			
	掌握交流电动机、变频器及 PLC 的选型			
	掌握变频调速系统的设计			
	掌握西门子变频器的操作与应用			
方法能力	会查阅教科书、使用说明书及手册			
	能够对自己的学习情况进行总结			
	能够如实对自己的情况进行评价			
社会能力	能够积极参与小组讨论			
	能够接受小组的分工并积极完成任务			
	能够主动对他人提供帮助			
	能够正确认识自己的错误并改正			
自我评价及反思				

表 2-21　学生互评表

项目名称	料车卷扬调速系统的变频调速控制		
被评价人	班　级　　　　　　　　姓　名　　　　　　　　学　号		
评 价 人			
评价项目	评价内容	评价结果（好/较好/一般/差）	
团队合作	A. 合作融洽		
	B. 主动合作		
	C. 可以合作		
	D. 不能合作		
学习方法	A. 学习方法良好，值得借鉴		
	B. 学习方法有效		
	C. 学习方法基本有效		
	D. 学习方法存在问题		
专业能力（勾选）	熟悉系统任务需求		
	掌握交流电动机、变频器及 PLC 的选型		
	掌握变频调速系统的设计		
	掌握西门子变频器的操作与应用		
	会查阅教科书、使用说明书及手册		
综合评价			

第 2 章 料车卷扬调速系统的变频调速控制

表 2-22 教师评价表

项目名称	料车卷扬调速系统的变频调速控制					
被评价人	班　级		姓　名		学　号	
评价项目	评价内容			评价结果（好/较好/一般/差）		
专业认知能力	熟悉系统任务需求					
	掌握交流电动机、变频器及 PLC 的选型					
	掌握变频调速系统的设计					
	掌握西门子变频器的操作与应用					
专业实践能力	能够根据任务需求，选择正确的元件					
	能够自主设计变频调速系统					
	能够正确操作西门子变频器					
	会查阅教科书、使用说明书及手册					
	能够认真填写报告记录					
社会能力	能够积极参与小组讨论					
	能够接受小组的分工并完成任务					
	能够主动对他人提供帮助					
	能够正确认识自己的错误并改正					
	善于表达与交流					
综合评价						

第3章

物品分选系统的位置控制

 学习目标

知识目标

(1) 了解 S7-300 PLC 的结构;
(2) 掌握 S7-300 PLC 的组成;
(3) 掌握 S7-300 PLC 硬件模块的安装与编址;
(4) 熟悉 S7-300 PLC 硬件组态一般步骤;
(5) 掌握 I/O 模块的参数设置。

技能目标

(1) 根据任务需求,列出 I/O 地址分配表;
(2) 根据任务需求,画出 PLC 外围接线图;
(3) 根据任务需求,写出 PLC 梯形图程序;
(4) 能够根据任务需求,正确规划电气实施步骤;
(5) 能够正确描述 S7-300 PLC 结构与组成;
(6) 能够正确安装 S7-300 PLC;
(7) 能够正确操作 S7-300 PLC 的硬件组态;
(8) 能够在 STEP 7 中正确设置 I/O 模块参数。

素质目标

(1) 增强学生的动手能力,培养学生的团队合作精神;
(2) 在技能实践中促进学生职业素养的养成。

第 3 章　物品分选系统的位置控制

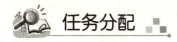

3.1　系统概述；

3.2　S7-300 PLC 的硬件组态；

3.3　S7-300 PLC 硬件模块的安装与编址；

3.4　在 STEP 7 中组态 S7-300 PLC。

3.1 系统概述

知识准备

物品分选系统如图 3-1 所示，传送带由电动机 M 拖动，该电动机的通断由接触器 KM 控制，每传送一个物品，脉冲发生器 LS 发出一个脉冲，作为物品发送的检测信号；次品检测在传送带的 0 号位置进行，由光电检测装置 PEB1 检测；当次品在传送带上继续往前走，到 4 号位置时，应使电磁铁 YV 通电，电磁铁向前推，次品落下；当光电开关 PEB2 检测到次品落下时，给出信号，让电磁铁 YV 断电，电磁铁缩回；正品则到第 9 号位置时装入箱中，光电开关 PEB3 用于正品装箱计数检测。

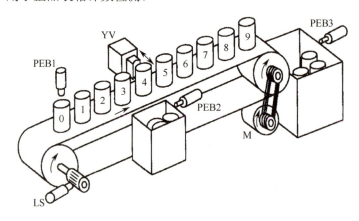

图 3-1 物品分选系统

物品分选系统地址分配表见表 3-1，并据此建立符号表。物品分选系统 PLC 外部接线图如图 3-2 所示。

表 3-1 物品分选系统地址分配表

模 块	地 址	符 号	传感器/执行器	说 明
数字量输入 32×24VDC	I0.0	LS	脉冲发生器	物品到来信号
	I0.1	PEB1	光电传感器常开触点	次品检测
	I0.2	PEB2	光电传感器常开触点	次品落下检测
	I0.3	PEB3	光电传感器常开触点	正品落下检测

续表

模 块	地 址	符 号	传感器/执行器	说 明
数字量输入 32×24VDC	I0.4	SB1	常开按钮	次品标志复位
	I0.5	SB2	常开按钮	正品计数器复位
	I0.6	SB3	常开按钮	传送带启动
	I0.7	SB4	常开按钮	传送带停止
数字量输出 8×220VAC	Q4.0	KM	接触器	电动机启停
	Q4.1	YV	电磁铁	次品推出
	Q4.2	HL	信号灯	箱装满提示

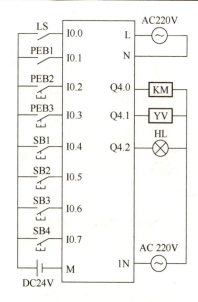

图 3-2 物品分选系统 PLC 外部接线图

PLC 控制程序如图 3-3 所示。程序中用 MW0 作为移位寄存器，M2.0、M2.1、M2.2 作为中间寄存器。当 PEB1 检测到次品时，使初位 M0.0 置 "1"，然后每过一个次品，LS 发出一个脉冲，使移位器移位一次，当移位 5 次时，次品信号传递到 4 号位（M0.4）置 "1"，次品推出电磁铁工作，通过 SB1 可以使次品标志（MW0）复位。正品计数由计数器 C1 完成计数，当计数到 20 时，信号灯 HL 亮。

程序段1：传送带启停控制

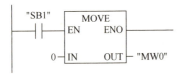

程序段2：次品标志字复位

程序段3：次品推出标志（M0.0）

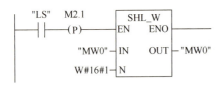

程序段4：次品状态移位

程序段5：次品推出，复位
次品标志（此时已移到M0.4）

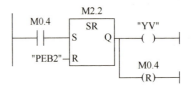

程序段6：正品计数

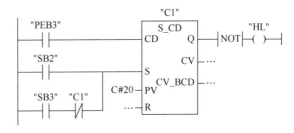

图 3-3　PLC 控制程序

第 3 章 物品分选系统的位置控制

本节任务实施见表 3-2 和表 3-3。

表 3-2 系统概述任务书

姓　　名		任务名称	系统概述
指导教师		同组人员	
计划用时		实施地点	
时　　间		备　　注	
任务内容			
1. 了解物品分选系统 2. 了解物品分选系统地址分配表 3. 掌握物品分选系统 PLC 外部接线图 4. 掌握 PLC 控制程序			
考核内容	分析物品分选系统		
	列出物品分选系统地址分配表		
考核内容	画出物品分选系统 PLC 外部接线图		
	写出 PLC 控制程序		
资　料		工　具	设　备
教材			

表 3-3 系统概述任务完成报告

姓　　名		任务名称	系统概述
班　　级		同组人员	
完成日期		实施地点	

1. 分析物品分选系统

2. 列出物品分选系统地址分配表

3. 画出物品分选系统 PLC 外部接线图

4. 写出 PLC 控制程序

3.2 S7-300 PLC 的硬件组态

知识准备

3.2.1 S7-300 PLC 的结构

S7-300 PLC 采用紧凑的、无槽位限制的模块化组合结构，根据应用对象的不同，可选用不同型号和不同数量的模块，并且可以将这些模块安装在同一个机架（导轨）或多个机架上（与 CPU312IFM 和 CPU313 配套的模块只能安装在同一个机架上）。导轨是一种专用的金属机架，只要将模块装在 DIN 标准的安装导轨上，然后用螺栓锁紧就可以了。有多种不同长度规格的导轨供用户选择。

S7-300 PLC 的模块化结构如图 3-4 所示，电源模块（PS）总是安装在机架的左侧，CPU 模块紧靠电源模块；如果有接口模块（IM），接口模块放在 CPU 模块的右侧；除电源模块、CPU 模块和接口模块外，一个机架上最多只能再安装 8 个信号模块、功能模块或通信处理器模块。

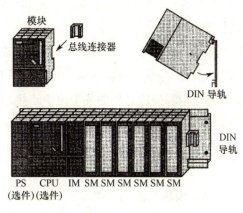

图 3-4 S7-300 PLC 的模块化结构

也就是说，机架的左侧是 1 号槽，右侧是 11 号槽，电源模块总是在 1 号槽的位置。中央机架（0 号机架）的 2 号槽上是 CPU 模块，3 号槽是接口模块。信号模块、功能模块和通信处理器模块可以任意安装在 4~11 号槽内，系统可以自动分配模块的地址。

S7-300 PLC 的总线安装结构如图 3-5 所示。

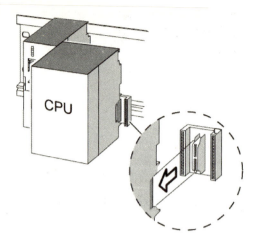

图 3-5　S7-300 PLC 的总线安装结构

　　需要注意的是，槽位号是相对的，每个机架的导轨并不存在物理的槽位。因为模块是用总线连接器连接的，而不是像其他模块式 PLC 那样，用焊在背板上的总线插座来安装模块，所以槽位号是相对的，在机架导轨上并不存在物理槽位。例如，在不需要扩展机架时，中央机架上没有接口模块，此时虽然 3 号槽仍然被实际上并不存在的接口模块占用，但中央机架上的 CPU 模块和 4 号槽的模块实际上是相邻的。如果有扩展机架，则接口模块占用 3 号槽，负责与其他扩展机架自动进行数据通信。

　　S7-300 PLC 的电源模块通过电源连接器或导线与 CPU 模块相连，为 CPU 模块提供 DC24V 电源。PS307 电源模块还有一些端子可以为信号模块提供 DC24V 电源。

　　S7-300 PLC 用背板总线将除电源模块之外的各个模块连接起来。背板总线集成在模块上，模块通过 U 形总线连接器相连，每个模块都有一个总线连接器，总线连接器插在各模块的背后，如图 3-4 所示。安装时先将总线连接器插在 CPU 模块上，并固定在导轨上，然后依次装入各个模块。

　　外部接线接在信号模块和功能模块的前连接器端子上，前连接器用插接的方式安装在模块前门后面的凹槽中，前连接器与模块是分开订货的。

　　更换模块时只需松开安装螺钉，拔下已经接线的前连接器即可。前连接器上的编码块可以防止将已接线的连接器插到其他模块上。

　　如果系统任务需要的信号模块、功能模块和通信处理器模块超过 8 块，则可以扩展。

　　S7-300 PLC 的扩展结构如图 3-6 所示。利用扩展机架（ER）来进行系统的扩展，有的低端 CPU 没有扩展功能。

1—基本机架；2—第 1 扩展机架；3—第 2 扩展机架；4—第 3 扩展机架；
5—扩展连接电缆；6—I/O 模块或功能模块

图 3-6　S7-300 PLC 的扩展结构

IM360/IM361 接口模块可以扩展 3 个机架，中央机架（CR）使用 IM360，扩展机架（ER）使用 IM361，各相邻机架之间的电缆最长为 10m。每个 IM361 需要一个外部 DC24V 电源向扩展机架上的所有模块供电，可以通过电源连接器连接 PS307 的负载电源。所有的 S7-300 模块均可以安装在扩展机架上。接口模块是自组态的，无须进行地址分配。

用于发送的接口模块 IM360 安装在 0 号机架 3 号槽中，它通过专用电缆，将数据从 IM360 发送至具有接收功能的 IM361。IM360 和 IM361 上有指示系统状态和故障的发光二极管（LED），如果 CPU 不确认此机架，则 LED 闪烁，这可能是连接电缆没接好或者是串行连接的 IM361 关掉了。具有接收功能的接口模块 IM361，用于 S7-300 PLC 的机架 1 到机架 3 的扩展，通过连接电缆把数据从 IM360 接收到 IM361，或者从一个 IM361 传至另一个 IM361。IM361 不仅提供数据传输，还将 DC24 V 电压转换为 DC5V 电压，给所在机架的背板总线提供 DC5V 的电源，供电输出电流不超过 0.8A。0 号机架上的 DC5V 电源由 CPU 模块产生，

CPU313/314/315 供电电流不超过 1.2 A，CPU312-IFM 供电电流不超过 0.8 A。因此，每个机架所能安装的模块数量除不能大于 8 块外，还要受到背板总线 5 V 供电电源的限制，即每个机架上各模块消耗的 5 V 电源电流之和应小于该机架最大的供电电流。

如果只扩展两个机架，则可选用比较经济的 IM365 接口模块对，这一对接口模块由 1m 长的连接电缆相互固定连接。IM365 不提供 DC5V 电源，此时，在两个机架上 DC5V 的总电流应限制在 1.2A 内。由于 IM365 接口模块不能给机架 1 提供通信总线，因此在机架 1 上只能安装信号模块，而不能安装通信处理器等其他智能模块。

3.2.2　S7-300 PLC 的组成

S7-300 PLC 主要由以下几部分组成。

1．中央处理单元（CPU）

各种 CPU 有不同的性能，例如，有的 CPU 集成有数字量和模拟量 I/O 点，有的 CPU 集成有 PROFIBUS-DP 等通信接口。CPU 前面板上有状态故障指示灯、模式开关、24V 电源端子、电池盒与存储器模块盒（有的 CPU 没有）。

2．电源模块（PS）

电源模块用于将 AC220V 电源转换为 DC24V 电源，供 CPU 和 I/O 模块使用。额定输出电流有 2A、5A 和 10A 三种，过载时模块上的 LED 闪烁。

3．信号模块（SM）

信号模块是数字量 I/O 模块和模拟量 I/O 模块的总称，它们使不同的过程信号电压或电流与 PLC 内部的信号电平匹配。信号模块主要有数字量输入模块 SM321 和数字量输出模块 SM322，以及模拟量输入模块 SM331 和模拟量输出模块 SM332。模拟量输入模块可以输入热电阻、热电偶、DC4～20mA 和 DC0～10V 等多种不同类型和不同量程的模拟信号。每个模块上有一个背板总线连接器，现场的过程信号连接到前连接器的端子上。

4．功能模块（FM）

功能模块主要用于对实时性和存储容量要求高的控制任务，例如，计数器模块、快速/慢速进给驱动位置控制模块、电子凸轮控制器模块、步进电动机定位模块、伺服电动机定位模块、定位和连续路径控制模块、闭环控制模块、工业标识系统的接口模块、称重模块、位置输入模块、超声波位置解码器等。

5．通信处理器模块（CP）

通信处理器模块用于 PLC 之间、PLC 与计算机和其他智能设备之间的通信，可以将 PLC 接入 PROFIBUS-DP、AS-I 和工业以太网，或者用于实现点对点通信等。通信处理器可以减轻 CPU 处理通信的负担，并减少用户对通信的编程工作。

6．接口模块（IM）

接口模块用于多机架配置时连接主机架（CR）和扩展机架（ER）。S7-300 PLC 通过分布式的主机架和 3 个扩展机架，最多可以配置 32 个信号模块、功能模块和通信处理器模块。

7．导轨

导轨是用来固定和安装 S7-300 PLC 上述各种模块的。

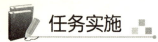

本节任务实施见表 3-4 和表 3-5。

表 3-4 S7-300 PLC 的硬件组态任务书

姓　名		任务名称	S7-300 PLC 的硬件组态
指导教师		同组人员	
计划用时		实施地点	
时　间		备　注	
任务内容			

1. 了解 S7-300 PLC 的结构
2. 熟悉 S7-300 PLC 的组成

考核内容	讲述 S7-300 PLC 的结构特征
	讲述 S7-300 PLC 的组成

资　料	工　具	设　备
教材		

第 3 章 物品分选系统的位置控制

表 3-5 S7-300 PLC 的硬件组态任务完成报告

姓　　名		任务名称	S7-300 PLC 的硬件组态
班　　级		同组人员	
完成日期		实施地点	

1. 讲述 S7-300 PLC 的结构特征

2. 讲述 S7-300 PLC 由几个部分组成，分别是什么

3.3　S7-300 PLC 硬件模块的安装与编址

知识准备

3.3.1　S7-300 PLC 硬件模块的安装

S7-300 PLC 可供选择的模块不仅种类齐全，而且配有标准的附件。表 3-6 列出了主要模块及附件的图例和功能。

表 3-6　主要模块及附件的图例和功能

组　件	功　能	图　例
导轨	S7-300 PLC 的模板机架	
带总线连接器的 PROFIBUS 总线电缆	连接 MPI 和 PROFIBUS 子网上各个节点	
编程电缆	连接 CPU 和编程设备（串行接口）	
	连接 CPU 和编程设备（USB 接口）	

1. 安装导轨

DIN 导轨是 S7-300 PLC 的机械安装铝质机架。导轨用螺钉紧固安装在墙上或机柜中，S7-300 PLC 的所有模块均直接用螺钉紧固在导轨上。即使在有可能发生机械问题的场合，有了 DIN 导轨也可以安全使用 SIMATIC S7-300 PLC。

在安装导轨时，其周围应留有足够的空间，用于散热和安装其他元器件或模块。尤其在

第 3 章 物品分选系统的位置控制

系统中有扩展机架时，更应注意其每个机架的位置安排。

2. 安装模块

除 CPU 模块外，每个信号模块都带有背板总线连接器，安装时先将总线连接器装在 CPU 模块的背板上，并固定在导轨上，然后依次按同样的方法将其他模块固定在导轨上。需要注意的是，一个机架上最多安装 8 个 I/O 模块（信号模块、功能模块、通信处理器模块等）。表 3-7 列出了 S7-300 PLC 模块的安装步骤。

表 3-7 S7-300 PLC 模块的安装步骤

步 骤	连 接 方 法	图 例
1	将总线连接器插入 CPU 和信号模块/功能模块/通信处理器模块/接口模块，每个模块（除 CPU 外）都有一个总线连接器 注意，在背板插入总线连接器时，需从 CPU 开始，取出后面一个模块的总线连接器	
2	按照模块的规定顺序，将所有模块悬挂在导轨上（步骤1），将模块滑到左边的模块边上（步骤2），然后向下安装模块（步骤3）	
3	使用 0.8～1.1 N·m 的螺钉旋具，拧螺钉固定所有的模块	

3. 电源模块的连接

电源模块为系统提供了稳定的 DC24V 工作电压源。将市电接入电源模块的三个端子（L1、N、接地）上，再将通过两个端子（L+和 M）输出的 DC24V 电源线引出，为其他模块供电。电源模块与 CPU 的连接如图 3-7 所示。

83

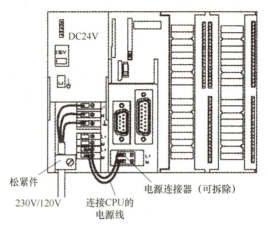

图 3-7 电源模块与 CPU 的连接

4. 信号模块的接线

前连接器用于将系统中的传感器和执行元件连接至 S7-300 PLC。模块由插入式前连接器与传感器和执行器接线连接,接好后插入模块(推荐使用这种顺序)。第一次插入连接器时,有一个编码元件与之啮合,该连接器以后就只能插入同种类型的模块中。更换模块时,前连接器的接线状况无须改变就可用于同种类型的新模块。

系统提供两种端子数量的前连接器:20 针和 40 针,分别用于具有 16 点和 32 点的模块。这两种前连接器插入模块的方法不同:20 针的前连接器上带有一个开启机构,如图 3-8 所示;40 针的前连接器插入只需将其上的固定螺钉拧紧即可,如图 3-9 所示。端子的分配参考用户手册中信号模块部分的内容。

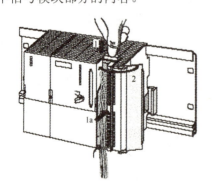 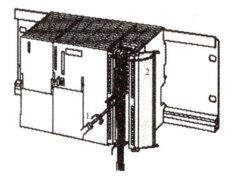

图 3-8 20 针的前连接器的插入操作　　图 3-9 40 针的前连接器的插入操作

在使用 SM 模块前,必须先给模块供电,否则将不能正常使用。以输入模块 SM321

DI32×DC24 V 为例，需要把电源模块的 L+、M 与模块的相应两个接线端子连接好。

3.3.2 S7-300 PLC 的编址

S7-300 PLC 的信号模块能插在每个机架的第 4～11 槽里，这样就给每个信号模块确定了一个具体的模块起始地址，该地址取决于它所在的槽和机架。图 3-10 给出了 S7-300 最大配置的各 I/O 模块的编址方法，实际上 PLC 系统应根据控制对象及控制要求选取模块，并将机架数量和槽位号相应缩减。

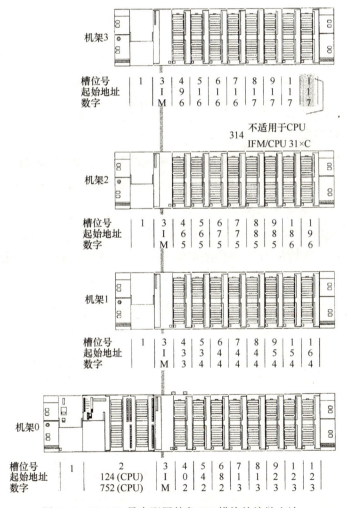

图 3-10 S7-300 最大配置的各 I/O 模块的编址方法

1. 数字量 I/O 编址

S7-300 PLC 的数字量地址由地址标识符、地址的字节部分和位部分组成，1 字节由 0～7 这 8 位组成。地址标识符 I 表示输入、Q 表示输出、M 表示存储器位。例如，I3.2 是一个数字量输入的地址，小数点前面的 3 表示地址的字节部分，小数点后的 2 表示这个输入点是 3 号字节中的第 2 位。

数字量除按位寻址外，还可以按字节、字和双字寻址。例如，输入量 I2.0～I2.7 组成输入字节 IB2，B 是 Byte 的缩写；字节 IB2 和 IB3 组成一个输入字 IW2，W 是 Word 的缩写，其中 IB2 为高位字节；IB2～IB5 组成一个输入双字 ID2，D 是 Double Word 的缩写，其中 IB2 为高位字节。以组成字和双字的第 1 字节的地址作为字和双字的地址。

S7-300 PLC 的信号模块字节地址与模块所在的机架号和槽位号有关，位地址与信号线接在模块上的哪一个端子有关。对于数字量模块而言，从 0 号机架的 4 号槽开始，每个槽位分配 4B（4 字节）的地址，相当于 32 个 I/O 点。最多可能有 32 个数字量模块，共占用 32×4B=128B。

2. 模拟量 I/O 编址

模拟量 I/O 通道的地址是一个字地址，通道地址取决于模板的起始地址。在图 3.10 中，每个槽位分给模拟量 16 字节（如 256～271），而由于每个模拟量 I/O 通道的地址占一个字（2 字节），故每个槽位共有 8 个模拟通道。

如果第一块模拟量模块插在第 4 号槽里，那么它的起始地址为 256。随后的模拟量模块，其起始地址每一槽增加 16。一块模拟量 I/O 模块，它的 I/O 通道有相同的起始地址。

第 3 章 物品分选系统的位置控制

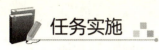 任务实施

本节任务实施见表 3-8 和表 3-9。

表 3-8　硬件模块的安装与编址任务书

姓　　名		任务名称	硬件模块的安装与编址
指导教师		同组人员	
计划用时		实施地点	
时　　间		备　　注	
任务内容			

1. 熟悉 S7-300 PLC 硬件模块的安装
2. 了解 S7-300 PLC 的编址
3. 掌握 S7-300 PLC 电源模块的连接
4. 掌握 S7-300 PLC 信号模块的接线

考核内容	讲述 S7-300 PLC 硬件模块的安装步骤
	讲述 S7-300 PLC 的编址

资　料	工　具	设　备
教材		

87

表3-9 硬件模块的安装与编址任务完成报告

姓　名		任务名称	硬件模块的安装与编址
班　级		同组人员	
完成日期		实施地点	

1. 讲述 S7-300 PLC 硬件模块的安装步骤

2. 讲述 S7-300 PLC 的编址

第 3 章 物品分选系统的位置控制

3.4 在 STEP 7 中组态 S7-300 PLC

 知识准备

在设计 PLC 控制系统前，首先应根据系统的输入、输出信号的性质与点数，以及对控制系统的功能要求，确定系统的硬件配置，例如，CPU 模块与电源模块的型号，需要哪些输入/输出模块，即信号模块（SM）、功能模块（FM）和通信处理模块（CP），各种模块的型号和每种型号的数量等。对于 S7-300 PLC 而言，如果 SM、FM 和 CP 超过 8 块，除中央机架外还需要配置扩展机架和接口模块（IM）。确定了系统的硬件组成后，需要在 STEP 7 编程软件中完成硬件组态工作。

硬件组态的任务就是在 STEP 7 中生成一个与实际的硬件系统完全相同的系统，例如，要生成网络、网络中各个站的机架和模块，以及设置各硬件组成部分的参数（给参数赋值）。所有模块的参数都是用编程软件来设置的。硬件组态确定了 PLC 输入、输出变量的地址，为用户设计程序打下基础。

组态时设置 CPU 的参数保存在系统数据块 SDB 中，启动模块的参数保存在 CPU 中。在 PLC 启动时，CPU 自动向启动模块传送设置的参数，因此在更换 CPU 之外的模块后，不需要重新对它们赋值。

PLC 在启动时，将 STEP 7 中生成的硬件设置与实际的硬件配置进行比较，如果两者不符，将立即产生错误报告。模块在出厂时带有预置的参数，或者称为默认的参数，一般可以采用这些预置的参数。通过多项选择和限制输入数据的方式，系统可以防止不正确的输入。

对于网络系统而言，需要对以太网、PROFIBUS-DP 和 MPI（多点接口）等网络的结构和通信参数进行组态，将分布式 I/O 连接到主站。例如，可以将 MPI 通信组态为时间驱动的循环数据传送或事件驱动的数据传送。

对于硬件已经装配好的系统而言，用 STEP 7 建立网络中各个站对象后，可以通过通信从 CPU 中读出实际的组态和参数。

硬件组态步骤如下。

（1）生成站，双击"硬件（Hardware）"图标，进入硬件组态窗口。

（2）生成机架，在机架中放置模块。

（3）双击模块，在打开的对话框中设置模块的参数，包括模块的属性和 DP 主站、从站的参数。

（4）保存硬件设置，并下载到 PLC 中。

3.4.1　S7-300 PLC 硬件组态实例

（1）双击 SIMATIC Manager 图标，打开 STEP 7 的主画面。如图 3-11 所示，单击"完成"按钮，进入下一步。

图 3-11　启动新建项目

（2）双击文件/新建图标，如图 3-12 所示，输入文件名称（如 TEST）和文件夹地址，然后单击"确定"按钮，系统将自动生成 TEST 项目。

图 3-12　生成项目

第 3 章　物品分选系统的位置控制

（3）右击项目名称"TEST"，在弹出的菜单中选择"插入新对象"中的"SIMATIC 300 站点"选项，将生成一个 S7-300 PLC 的项目，如图 3-13 所示。

图 3-13　开始组态 S7-300 PLC

（4）单击 TEST 左边的"+"按钮使之展开，选择"SIMATIC 300(1)"选项，然后选择"硬件"选项并双击，或者右击"打开对象"选项，即打开硬件组态窗口，如图 3-14 所示。

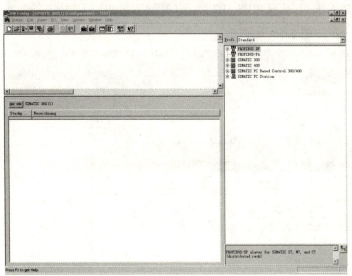

图 3-14　硬件组态窗口

（5）在图 3-14 所示界面的右栏中依次单击"SIMATIC 300"→"RACK-300"，然后将"Rail"输入到下边的空白处，生成空机架，如图 3-15 所示。

图 3-15 建立机架

（6）单击"PS-300"，选择"PS 307 2A"（其他容量也可），将其输入机架 RACK 的第 1 个 SLOT（槽）中，如图 3-16 所示。

图 3-16 加入电源模块

第 3 章 物品分选系统的位置控制

（7）依次单击"CPU-300"→"CPU 315-2 DP"，单击"6ES7 315-2AF03-0AB0"，选择"V1.2"，将其拖至机架 RACK 的第 2 个 SLOT，随后弹出一个组态 PROFIBUS-DP 的窗口，接收"Address"（地址）中的 DP 地址默认值 2，如图 3-17 所示。

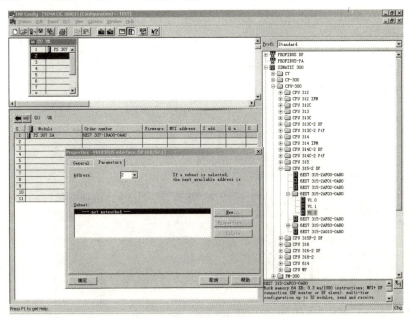

图 3-17　加入 CPU 模块

下面重点介绍 CPU 模块参数的选择。

1. 启动特性参数

在硬件组态下，双击 CPU，在"属性"对话框中单击"启动"选项卡，如图 3-18 所示，设置启动参数。

用鼠标勾选某个复选项，框中出现"√"，表示选中了该项；再次单击，"√"消失，表示该项被禁止。如果没有勾选"在期望/实际配置不一致时启动"复选项，并且一个模块也没有插入组态时指定的槽位，或者某个槽位插入的不是组态的模块，则 CPU 将进入 STOP 状态。如果勾选了该复选项，即使有上述问题，CPU 也会启动，除 PROFIBUS-DP 接口模块外，CPU 不会检查 I/O 组态。

复选项"热启动时重置输出"和"通过操作员（如从 PG）或通信作业（如从 MPI 站点）禁用热启动"仅用于 S7-400 PLC。

在"通电后启动"区,可以选择单选项"热启动""暖启动""冷启动"。电源接通后,CPU 等待所有被组态的模块发出"完成信息"的时间如果超过"通过模块'已完成'消息的时间(100 毫秒)"选项设置的时间,则表明实际的组态不等于预置的组态。该时间的设置范围为 1~650,单位为 100ms,默认值为 650。"参数传送到模块的时间(l00 毫秒)"是 CPU 将参数传送给模块的最大时间,单位为 100ms。对于有 DP 主站接口的 CPU 而言,可以用这个参数来设置 DP 从站启动的监视时间。如果超过了上述设置时间,则 CPU 按"在期望/实际配置不一致时启动"的设置进行处理。

图 3-18 设置 CPU 启动参数

2. 时钟存储器

在"属性"对话框中单击"周期/时钟存储器"选项卡,可以设置"以毫秒为单位的扫描循环监视时间",默认值为 150ms。如果实际的循环扫描时间超过设定的值,则 CPU 将进入 STOP 模式。

"来自通信的扫描周期负载(%)"选项用来限制通信处理占扫描周期的百分比,默认值为 20%。时钟脉冲是一些可供用户程序使用的占空比为 1:1 的方波信号,1 字节的时钟存

第 3 章 物品分选系统的位置控制

储器的每一位对应一个时钟脉冲。如果没有使用时钟脉冲，则应先选择"时钟存储器"选项，然后设置时钟存储器（M）的字节地址。

"OB85-在 I/O 访问出错时调用"选项用来预设置 CPU 对系统修改过程映像时发生 I/O 访问错误的响应。如果希望在出现错误时调用 OB85，则建议选择"仅用于进入和离开的错误"选项，这样相对于"每单个访问时"，不会增加扫描循环时间。

3．系统诊断参数与实时钟的设置

系统诊断是指对系统中出现的故障进行识别、评估及做出相应的响应，并且保存诊断的结果，通过系统诊断可以发现用户程序的错误、模块的故障和传感器及执行器的故障等。操作时，在"属性"对话框中单击"诊断/时钟"选项卡，可以勾选"报告 STOP 模式原因"等复选项。在某些大型系统（如电力系统）中，某个设备的故障会引起连锁反应，为了分析故障的起因，需要查出故障发生的顺序。为了准确地记录故障顺序，必须对系统中各计算机的实时钟定期做同步调整。

可以使用 3 种方法同步实时钟，即"在 PLC 中""在 MPI 上""在 MFI 上"，如图 3-19 所示。

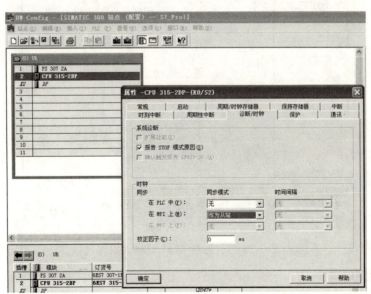

图 3-19　实时钟同步设置

每种设置方法有 3 个选项，"作为主站"是指用该 CPU 的实时钟作为标准时钟，同步别的时钟;"作为从站"是指该时钟被别的时钟同步;"无"为不同步。

"时间间隔"是时钟同步的周期,值为1s~24h,一共有7个选项可以选择。

"校正因子"是对每24h时钟误差时间的补偿(以ms为单位),可以指定补偿值为正或为负,例如,当时钟每24h慢3s时,校正因子应为+3000ms。

4．保持区的参数设置

在电源断电或CPU从RUN模式进入STOP模式后,其内容保持不变的存储区称为保持存储区。CPU安装了后备电池后,用户程序中的数据块是被保护的。

"保持存储器"选项卡设置如图3-20所示,图中"以MB0开始的存储器字节数"、"以T0开始的S7定时器数"和"以C0开始的S7计数器数"分别用来设置从MB0、T0和C0开始的需要断电保持的存储器字节数、定时器和计数器的数量,设置的范围与CPU的型号有关,如果超出允许的范围,则会给出提示。没有电池后备的S7-300 PLC可以在数据块中设置保持区域。

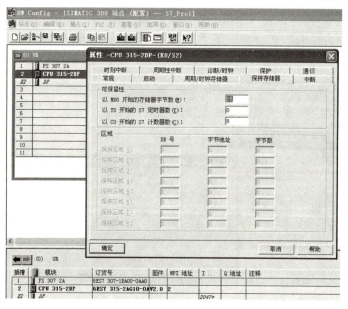

图3-20 "保持存储器"选项卡设置

5．保护级别的选择

在"保护"选项卡的"保护级别"选项中,可以选择3个保护级别。"保护级别1"是默认的设置,没有口令。CPU的钥匙开关(工作模式选择开关)在RUN-P和STOP位置时对操作没有限制,在RUN位置只允许读操作。S7-3LXC系列CPU没有钥匙开关,运行方式开关只有 RUN 和 STOP 两个位置。被授权（知道口令）的用户可以进行读写访问，与钥匙开关的位置和保护级别无关；对于不知道口令的人员而言，保护级别 2 只能进行读访问，保护级别 3 不能读写，均与钥匙开关的位置无关。

在执行在线功能前，用户必须先输入口令：先在 SIMATIC 管理器中选择被保护的模块或它们的 STEP 程序，然后执行菜单命令"PLC"→"访问权限"→"设置"，在弹出的对话框中输入口令，输入口令后，在退出用户程序或取消访问权前，访问权一直有效。

6．运行方式的选择

在"保护"选项卡的"模式"选项中有两种选择：一种是"过程模式"，测试功能（如程序状态或监视修改变量）是被限制的，不允许断点和单步方式；另一种是"测试模式"，允许通过编程软件执行所有的测试功能，这可能会引起扫描循环时间显著增加。

7．日期–时间中断参数的设置

大多数 CPU 有内置的实时钟，可以产生日期–时间中断，中断产生时调用组织块 OB10～OB17。在"时刻中断"选项卡中，可以设置中断的优先级（Priority），通过"激活"选项决定是否激活中断，选择执行方式（Execution）执行一次，每分钟、每小时、每天、每星期、每月、月末、每年执行一次。可以设置启动的日期（开始日期）和时间（当日时间），以及要处理的过程映像分区（仅用于 S7-400 PLC）。

8．循环中断参数的设置

在"周期性中断"选项卡中，可以设置循环执行组织块 OB30～OB38 的参数，包括中断的优先级（Priority）、执行的时间间隔（Execution，以 ms 为单位）和相位偏移（Phase Offset，仅用于 S7-400 PLC）。相位偏移用于将几个中断程序错开处理。

9．中断参数的设置

在"中断"选项卡中，可以设置硬件中断（Hardware Interrupts）、时间延迟中断（Time-Delay-Interrupts）、PROFIBUS-DP 中断（Interrupts for DPV1）和异步出错中断（Asynchronous Error Interrupts）的参数。

S7-300 PLC 不能修改当前默认的中断优先级，S7-400 PLC 根据处理的硬件中断 OB 可以定义中断的优先级。在默认情况下，所有的硬件中断都由 OB40 来处理。可以从优先级"0"中删掉中断。PROFIBUS-DP 从站可以产生一个中断请求，以保证主站 CPU 处理中断触发的事件。

10. 通信参数的设置

在"通信"选项卡中,需要设置 PG(编程器或计算机)通信、OP(操作员面板)通信和 S7 标准通信使用的连接个数。至少应该为 PG 和 QP 分别保留 1 个连接。

此外,DP 参数的设置如下。对于有 PROFIBUS-DP 通信接口的 CPU 模块,如 CPU315-2DP,在弹出的 DP 属性窗口中的"常规"选项卡(见图 3-21)中单击"接口"栏中内"属性"按钮,可以设置站地址或 DP 子网络的属性,生成或选择启动子网络。在"地址"选项卡中,可以设置 DP 接口诊断缓冲区的地址,如果选择"由系统选择"选项,则由系统自动指定地址。

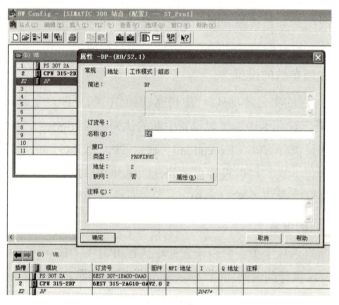

图 3-21 DP 参数设置

在"工作模式"选项卡中,可以选择以 DP 接口作为 DP 主站(Master)或 DP 从站(Slave)。

集成 I/O 模块参数的设置:S7-300 PLC 有些 CPU 模块集成了 I/O 模块,如 CPU315-2DP 集成了 16DI(数字量输入)、16DO(数字量输出)。集成 DI 和集成 DO 的参数设置方法与普通的 DI、DO 的设置万法基本相同。

在"地址"选项卡中,集成 DI 的默认地址为 IB124 和 IB125,集成 DO 的默认地址为 QB124 和 QB125,用户可以修改它们的地址。

单击"组态"选项卡,可以设置是否允许各集成的 DI 点产生硬件中断(Hardware

Interrupt），可以逐点选择上升沿中断（Rising Edge）或下降沿中断（Falling Edge）。

输入延迟时间可以抑制输入触点接通或断开时抖动的不良影响。可以按每 4 个点一组设置各组的输入延迟时间（Input Delay，以 ms 为单位）。单击某一组的延迟时间输入框，在弹出的对话框中选择延迟时间。

3.4.2 I/O 模块参数设置

1. 数字量输入模块

I/O 模块的参数在 STEP 7 中设置，参数设置必须在 CPU 处于 STOP 模式下进行。设置完所有的参数后，应将参数下载到 CPU 中。当 CPU 从 STOP 模式转换为 RUN 模式时，CPU 将参数传送至每个模块。

可以在 STOP 模式下设置动态参数和静态参数。通过系统功能 SFC，可以修改当前用户程序中的动态参数。但在 CPU 由 RUN 模式进入 STOP 模式，然后又返回 RUN 模式后，将重新使用 STEP 7 设定的参数。

在 STEP 7 的 SIMATIC 管理器中单击"硬件"图标，进入"HW Config"（硬件组态）界面，双击图中左边机架 4 号槽中的"DI16×DC24V，中断"，出现图 3-22 所示的"属性"对话框。单击"地址"选项卡，可以设置模块的起始字节地址。

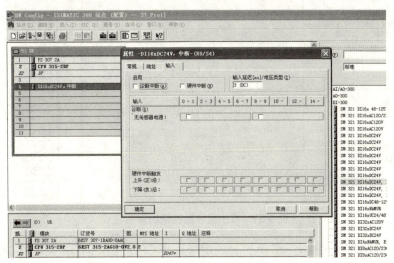

图 3-22　数字量输入模块的参数设置

单击"输入"选项卡，可以设置是否允许产生硬件中断（Hardware Interrupt）和诊断中断(Diagnostics Interrupt)。

模块给传感器提供带熔断器保护的电源。以8个点为单位，可以设置是否诊断传感器电源丢失。传感器电源丢失时，模块将这个诊断事件写入诊断数据区，可以用系统功能SFC51读取系统状态表中的诊断信息。

选择了允许硬件中断后，以组为单位（每组2个输入点），可以选择上升沿中断、下降沿中断或上升沿和下降沿均产生中断。出现硬件中断时，CPU的操作系统将调用组织块OB40。

在"输入延迟(ms)/电压类型"输入框中可以输入以ms为单位的整个模块的输入延迟时间。有的模块可以分组设置延迟时间。

2. 数字量输出模块

在STEP 7的SIMATIC管理器中单击"硬件"图标，进入"HW Config"（硬件组态）界面，双击图中左边机架5号槽中的"DO16×DC24V/0.5A"，出现图3-23所示的"属性"对话框。单击"输出"选项卡，可以设置是否允许产生诊断中断（Diagnostics Interrupt）。

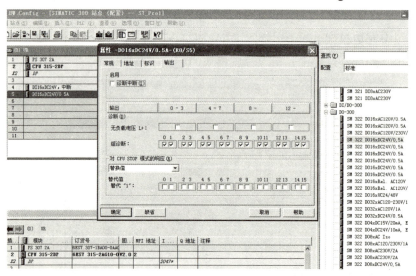

图3-23 数字量输出模块的参数设置

"对CPU STOP模式的响应"下拉列表用来选择CPU进入STOP模式时，模块各输出点的处理方式。选择"保持前一个有效值"，CPU进入STOP模式后，模块将保持最后的输出值。选择"替换值"，CPU进入STOP模式后，可以使各输出点分别输出"0"或"1"。如果

"替代'1':"选项后的任意行中某个输出点对应的检查框被选中,则 CPU 进入 STOP 模式后该输出点将输出"1",反之输出"0"。

3. 模拟量输入模块

1)模块诊断与中断的设置

图 3-24 所示为 8 通道 12 位模拟量输入模块的参数设置对话框。单击"输入"选项卡,可以设置是否允许诊断中断和模拟值超过限制值的硬件中断,有的模块还可以设置模拟量转换循环结束时的硬件中断和断线检查。如果勾选了"超出限制硬件中断"复选项,则"上限:"和"下限:"选项后的通道 0 和通道 2 的相应单位"mA"、"V"或"Ω"(图 3-24 为软件界面,将"Ω"标注为"ohm")等将出现,可以设置通道 0 和通道 2 产生超出限制硬件中断的上限值和下限值。每两个通道为一组,可以设置是否对各组进行诊断。

图 3-24 8 通道 12 位模拟量输入模块的参数设置

2)模块测量范围的选择

可以分别对模块的每个通道组选择允许的任意量程,每两个通道为一组。例如,在"输入"选项卡单击 0 号和 1 号通道的"测量型号"输入框,在弹出的对话框中选择测量的种类,图 3-24 中选择的"4DMU"是 4 线式传感器电流测量;"R-4L"是 4 线式热电阻;"TC-I"是热电偶;"E"表示测量种类为电压。

如果未使用某一组的通道,应选择测量种类中的"取消激活"选项,以减小模拟量输入模块的扫描时间。单击"测量范围"输入框,在弹出的对话框中选择量程,图 3-24 中第一组的测量范围为 4～20mA。后面的"[C]"表示 0 号和 1 号通道对应的量程卡的位置应设置为"C",即量程卡上的"C"旁边的三角形箭头应对准输入模块中的标记。在选择测量种类时,应保证量程卡的位置与 STEP 7 中的设置一致。

3)模块测量精度与转换时间的设置

SM331 采用积分式 A/D 转换器,积分时间将直接影响 A/D 转换时间、转换精度和干扰抑制频率。积分时间越长,精度越高,快速性越差。积分时间与干扰抑制频率互为倒数。积分时间为 20ms 时,对 50Hz 的干扰噪声有很强的抑制作用。为了抑制工频频率,一般选用 20ms 的积分时间。

SM331 的转换时间由积分时间、电阻测量的附加时间(1ms)和线路断开监视的附加时间(10ms)组成,以上均为每个通道的处理时间。如果 1 个模块中使用了 N 个通道,总的转换时间(称为循环时间)为各个通道的转换时间之和。

4)设置模拟值的平滑等级

有些模拟量输入模块可以用 STEP 7 设置模拟值的平滑等级。模拟值的平滑处理可以保证得到稳定的模拟信号。这对于缓慢变化的模拟值(如温度测量值)而言是很有意义的。

平滑处理用平均值数字滤波来实现,根据系统规定的转换次数来计算转换后的模拟值的平均值。用户可以在平滑参数的 4 个等级(无、低、平均、高)中进行选择。这 4 个等级决定了用于计算平均值的模拟量采样值的数量。所选的平滑等级越高,平滑后的模拟值越稳定,但测量的快速性越差。

4. 模拟量输出模块

模拟量输出模块的设置与模拟量输入模块的设置有很多类似的地方。模拟量输出模块可能需要设置下列参数。

(1)确定每个通道是否允许诊断中断。

(2)选择每个通道的输出类型为关闭、电压输出或电流输出,选定输出类型后,再选择输出信号的量程。

(3)CPU 进入 STOP 时的响应:可以选择不输出电流电压(0CV)、保持前一个值(KLV)和采用替代值(SV)。

第 3 章 物品分选系统的位置控制

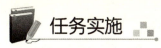 任务实施

本节任务实施见表 3-10 和表 3-11。

表 3-10 在 STEP 7 中组态 S7-300 PLC 任务书

姓 名		任务名称	在 STEP 7 中组态 S7-300 PLC
指导教师		同组人员	
计划用时		实施地点	
时 间		备 注	
任务内容			
1. 掌握 S7-300 PLC 硬件组态实例操作 2. 掌握数字量输入、输出模块参数设置 3. 掌握模拟量输入、输出模块参数设置			
考核内容	讲述 S7-300 PLC 硬件组态实例操作		
	讲述数字量输入、输出模块参数设置		
	讲述模拟量输入、输出模块参数设置		
资 料		工 具	设 备
教材			

103

表 3-11　在 STEP 7 中组态 S7-300 PLC 任务完成报告

姓　　名		任务名称	在 STEP 7 中组态 S7-300 PLC
班　　级		同组人员	
完成日期		实施地点	

1. 讲述 S7-300 PLC 硬件组态实例操作

2. 讲述数字量输入、输出模块参数设置的步骤

3. 讲述模拟量输入、输出模块参数设置的步骤

考核与评价

本章考核与评价见表 3-12～表 3-14。

表 3-12 学生自评表

项目名称	物品分选系统的位置控制					
班　级		姓　名		学　号		组　别
评价项目	评价内容			评价结果（好/较好/一般/差）		
专业能力	熟悉系统任务需求					
	掌握 S7-300 PLC 的硬件组态					
	掌握 S7-300 PLC 硬件模块的安装与编址					
	掌握在 STEP 7 中组态 S7-300 PLC					
方法能力	会查阅教科书、使用说明书及手册					
	能够对自己的学习情况进行总结					
	能够如实对自己的情况进行评价					
社会能力	能够积极参与小组讨论					
	能够接受小组的分工并积极完成任务					
	能够主动对他人提供帮助					
	能够正确认识自己的错误并改正					
自我评价及反思						

表 3-13　学生互评表

项目名称		物品分选系统的位置控制			
被评价人	班　级		姓　名	学　号	
评 价 人					
评价项目	评价内容		评价结果（好/较好/一般/差）		
团队合作	A. 合作融洽				
	B. 主动合作				
	C. 可以合作				
	D. 不能合作				
学习方法	A. 学习方法良好，值得借鉴				
	B. 学习方法有效				
	C. 学习方法基本有效				
	D. 学习方法存在问题				
专业能力（勾选）	熟悉系统任务需求				
	掌握 S7-300 PLC 的硬件组态				
	掌握 S7-300 PLC 硬件模块的安装与编址				
	掌握在 STEP 7 中组态 S7-300 PLC				
	会查阅教科书、使用说明书及手册				
综合评价					

第 3 章 物品分选系统的位置控制

表 3-14 教师评价表

项目名称	物品分选系统的位置控制			
被评价人	班 级	姓 名	学 号	
评价项目	评价内容		评价结果（好/较好/一般/差）	
专业认知能力	熟悉系统任务需求			
	根据任务需求，列出 I/O 地址分配表			
	根据任务需求，画出 PLC 外围接线图			
	根据任务需求，写出 PLC 梯形图程序			
	了解 S7-300 PLC 的结构			
	掌握 S7-300 PLC 的组成			
	掌握 S7-300 PLC 硬件模块的安装与编址			
	熟悉 S7-300 PLC 硬件组态一般步骤			
	掌握 I/O 模块的参数设置			
专业实践能力	能够根据任务需求，正确规划电气实施步骤			
	能够正确描述 S7-300 PLC 结构与组成			
	能够正确安装 S7-300 PLC			
	能够正确操作 S7-300 PLC 的硬件组态			
	能够在 STEP 7 中正确设置 I/O 模块参数			
	会查阅教科书、使用说明书及手册			
	能够认真填写报告记录			
社会能力	能够积极参与小组讨论			
	能够接受小组的分工并完成任务			
	能够主动对他人提供帮助			
	能够正确认识自己的错误并改正			
	善于表达与交流			
综合评价				

第 4 章

工业搅拌系统的 PLC 控制

知识目标

（1）熟悉 STEP 7 编程方法；
（2）熟悉 STEP 7 功能块与功能的调用；
（3）掌握 STEP 7 数据块的应用；
（4）掌握 STEP 7 结构化程序的设计。

技能目标

（1）能够正确区分不同的 STEP 7 编程语言；
（2）能够正确使用用户程序中的块；
（3）能够正确声明功能块的局部变量；
（4）能够正确建立数据块；
（5）能够正确区分逻辑块与功能块的编程。

素质目标

（1）增强学生的动手能力，培养学生的团队合作精神；
（2）在技能实践中，促进学生职业素养的养成。

4.1 系统概述；

4.2 编程方法；

4.3 功能块与功能的调用；

4.4 数据块；

4.5 结构化程序设计。

第 4 章 工业搅拌系统的 PLC 控制

4.1 系统概述

1. 任务简介

工业搅拌过程如下：两种配料（A、B）在一个混合罐中由搅拌器混合在一起，然后通过排料阀排出。工业搅拌过程示意图如图 4-1 所示。

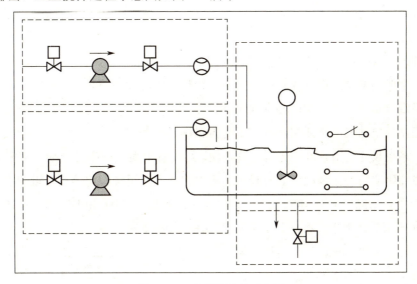

图 4-1 工业搅拌过程示意图

系统分为 4 部分：配料 A、配料 B、搅拌区、排料区。电动机和泵有 3 台：配料 A 进料泵、配料 B 进料泵、搅拌电动机。阀门有 5 个：配料 A 入口阀、配料 A 进料阀、配料 B 入口阀、配料 B 进料阀、排料阀。

配料 A 和配料 B 的每个配料管都配有一个入口阀和进料阀，还有一个进料泵。配料管中还有流量传感器，检测是否有配料流过。配料 A 和配料 B 的功能如下。

（1）进料泵：当罐装满传感器指示混合罐装满后，进料泵必须关闭。

（2）进料泵：当排料阀打开时，进料泵同样也要关闭。

（3）阀门：在启动进料泵 1s 后，必须打开入口阀和进料阀。

（4）阀门：在进料泵停止后，阀门必须关闭，以防止配料泄漏。

（5）故障检测：进料泵启动7s后，流量传感器会报溢出。

（6）故障检测：当进料泵运行时，若流量传感器没有流量信号，则进料泵关闭。

（7）维护：进料泵启动次数大于50次，必须进行维护。

搅拌区的混合罐中装有3个传感器：罐装满传感器（装满之后，触点断开）、罐不空传感器、罐液体最低限位传感器（达到最低限位，触点关闭）。搅拌区的功能如下。

（1）搅拌电动机：当液面指示"液面高度低于最低限位"，或者排料阀打开时，搅拌电动机必须停止。

（2）故障检测：如果搅拌电动机在启动后10s内没有达到电动机的额定转速，则电动机必须停止。

（3）维护：搅拌电动机的启动次数超过50次，必须进行维护。

排料区中成品的排出由螺线管阀门控制。排料区的功能如下。

（1）当混合罐空了时，阀门必须关闭。

（2）当搅拌电动机工作或混合罐空了时排料阀必须关闭。

在进行系统设计之前，首先分析系统功能，可以看出系统有多台电动机和多个阀门，如果直接用线性化或模块化编程，会有较多的重复编程，而用结构化编程可以减少工作量。

OB1中含有功能块FB1和功能FC1，FB1中的数据块DB1和DB2分别对应配料A和配料B的参考信息。搅拌过程的分层调用结构图如图4-2所示。

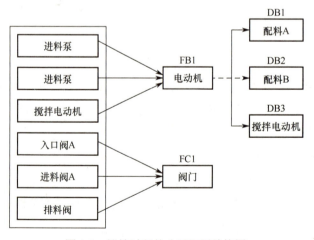

图4-2 搅拌过程的分层调用结构图

系统的符号表见表4-1。

第 4 章 工业搅拌系统的 PLC 控制

表 4-1 系统的符号表

进料泵、搅拌电动机符号地址

符 号 名	地 址	数 据 类 型	描 述
FeedA_start	I0.0	BOOL	启动配料 A 的进料泵
FeedA_stop	I0.1	BOOL	停止配料 A 的进料泵
FlowA	I0.2	BOOL	配料 A 流动
InletVA	Q4.0	BOOL	启动配料 A 的入口阀
PumpVA	Q4.1	BOOL	启动配料 A 的进料阀
PumpAL_on	Q4.2	BOOL	配料 A 进料泵运行指示灯
PumpAL_off	Q4.3	BOOL	配料 A 进料泵停止指示灯
PumpA	Q4.4	BOOL	配料 A 进料泵运行
FaultAL	Q4.5	BOOL	进料泵 A 故障指示灯
MaintAL	Q4.6	BOOL	进料泵 A 维护指示灯
FeedB_start	I0.3	BOOL	启动配料 B 的进料泵
FeedB_stop	I0.4	BOOL	停止配料 B 的进料泵
FlowB	I0.5	BOOL	配料 B 流动
InletVB	Q5.0	BOOL	启动配料 B 的入口阀
PumpVB	Q5.1	BOOL	启动配料 B 的进料阀
PumpBL_on	Q5.2	BOOL	配料 B 进料泵运行指示灯
PumpBL_off	Q5.3	BOOL	配料 B 进料泵停止指示灯
PumpB	Q5.4	BOOL	配料 B 进料泵运行
FaultBL	Q5.5	BOOL	进料泵 B 故障指示灯
MaintBL	Q5.6	BOOL	进料泵 B 维护指示灯
AgitatorR	I1.0	BOOL	搅拌电动机相应信号
Agitator_start	I1.1	BOOL	搅拌电动机启动按钮
Agitator_stop	I1.2	BOOL	搅拌电动机停止按钮
Agitator	Q8.0	BOOL	搅拌电动机启动
AgitatorL_on	Q8.1	BOOL	搅拌电动机运行指示灯
AgitatorL_off	Q8.2	BOOL	搅拌电动机停止指示灯
FaultGL	Q8.3	BOOL	搅拌电动机故障指示灯
MaintGL	Q8.4	BOOL	搅拌电动机维护指示灯

排料阀的符号地址

符 号 名	地 址	数 据 类 型	描 述
Drain_open	I0.6	BOOL	打开排料阀按钮
Drain_closed	I0.7	BOOL	关闭排料阀按钮
Drain	Q9.5	BOOL	启动排料阀
DrainL_on	Q9.6	BOOL	排料阀运行指示灯

续表

传感器及液面显示符号地址			
符 号 名	地 址	数据类型	描 述
DrainL_off	Q9.7	BOOL	排料阀停止指示灯
Tank_Lmax	I1.3	BOOL	混合罐未满传感器
Tank_Amin	I1.4	BOOL	混合罐液面高于最低限位传感器
Tank_Nemp	I1.5	BOOL	混合罐非空传感器
其他符号地址			
符 号 名	地 址	数据类型	描 述
EM_stop	I1.6	BOOL	紧急停机开关
ResetM	I1.7	BOOL	复位维护指示灯

2．生成电动机 FB

电动机的通用 FB 示意图如图 4-3 所示。

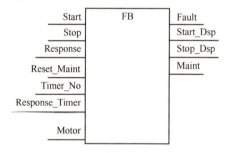

图 4-3　电动机的通用 FB 示意图

FB 的变量声明如图 4-4 所示。其中输入量为 Start、Stop、Response、Reset_Maint、Timer_No 和 Response_Timer；输出量为 Fault、Start_Dsp、Stop_Dsp 和 Maint；I/O 量为 Motor；静态变量为 Start_Edge 和 Starts。

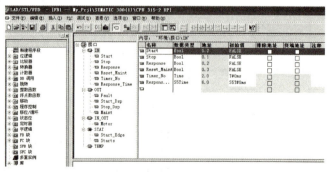

图 4-4　FB 的变量声明

FB 实现的功能如下。

（1）启动和停止电动机，启动和停止时点亮相应的指示灯。

（2）设备启动则监控定时器启动，定时时间到且未收到设备相应信号则将电动机停止，并且指示故障。

（3）启动次数大于 50 次，维护指示灯亮。

（4）设备的启停有互锁条件，在 OB1 中体现。

电动机 FB 的梯形图程序如图 4-5 所示。程序的 Network 1 为启动和停止电动机；Network 2～Network 5 为故障处理程序；Network 6～Network 8 为电动机维护程序。

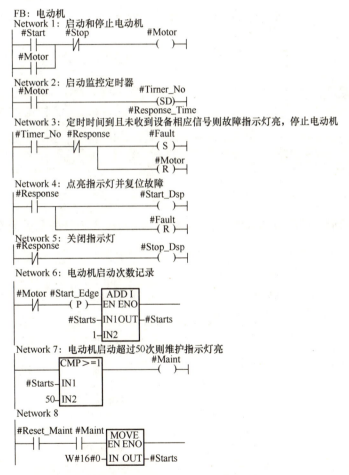

图 4-5　电动机 FB 的梯形图程序

3. 生成阀门 FC

FC 实现的功能如下。

（1）打开和关闭阀门。

（2）打开和关闭阀门时，相应指示灯亮。

（3）互锁状态在 OB1 中体现。

FC 的变量声明如图 4-6 所示。阀门的通用 FC 示意图如图 4-7 所示。其中输入变量为 Open、Close 和 Value；输出变量为 Open_Dsp 和 Close_Dsp。

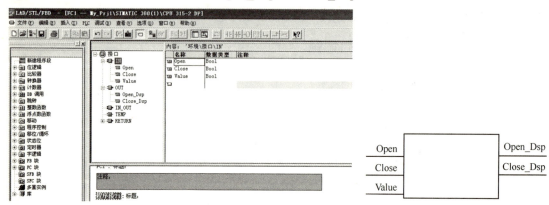

图 4-6　FC 的变量声明　　　　图 4-7　阀门的通用 FC 示意图

阀门 FC 的梯形图程序如图 4-8 所示。程序的 Network 1 为打开和关闭阀门；Network 2、Network 3 为相关指示灯显示。

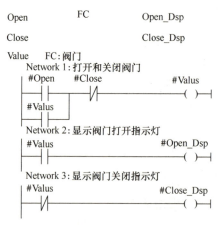

图 4-8　阀门 FC 的梯形图程序

第 4 章 工业搅拌系统的 PLC 控制

4．生成 OB1

OB1 实现的功能如下。

（1）完成互锁功能，用#Enable_Motor 来控制电动机或泵的启动，用#Enable_Value 来控制阀门的启动。

（2）提供监控定时时间。

（3）为 FB 提供不同的数据块。

OB1 组织块的临时（局部）变量如图 4-9 所示。

图 4-9　OB1 组织块的临时（局部）变量

在图 4-9 中，有使能电动机变量（Enable_Motor）、使能阀门变量（Enable_Value）、启动电动机信号使能变量（Start_Fulfilled）、停止电动机信号使能变量（Stop_Fulfilled）、关闭阀门信号使能变量（Close_Value_Ful）及指示信号等。OB1 梯形图程序如图 4-10 所示。

在图 4-10 中，程序的 Network 1～Network 9 为配料 A 的进料泵、入口阀及进料阀的控制；Network 10～Network 17 为配料 B 的进料泵、入口阀及进料阀的控制；Network 18～Network 25 为搅拌电动机及排料阀的控制。

图 4-10 OB1 梯形图程序

第 4 章 工业搅拌系统的 PLC 控制

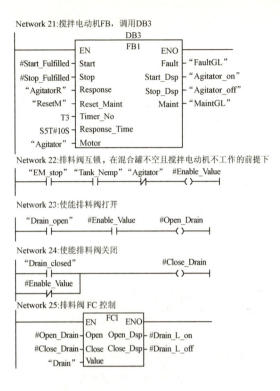

图 4-10 OB1 梯形图程序（续）

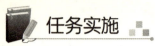

本节任务实施见表 4-2 和表 4-3。

表 4-2 系统概述任务书

姓 名		任务名称		系统概述	
指导教师		同组人员			
计划用时		实施地点			
时 间		备 注			
任务内容					
1. 分析工业搅拌系统工作过程 2. 会生成电动机 FB 3. 会生成阀门 FC 4. 会生成 OB1					
考核内容	讲述分析工业搅拌系统工作过程				
	讲述电动机 FB、阀门 FC 及 OB1 的功能				
资 料		工 具		设 备	
教材					

第 4 章 工业搅拌系统的 PLC 控制

表 4-3 系统概述任务完成报告

姓　　名		任务名称	系统概述
班　　级		同组人员	
完成日期		实施地点	

1. 分析工业搅拌系统工作过程

2. 讲述生成电动机 FB 和 OB1 实现的功能

3. 编写生成阀门 FC 的控制程序

4.2 编程方法

知识准备

4.2.1 结构化编程

STEP 7 编程语言有以下 3 种编程方法。

1. 线性化编程

线性化编程就是将用户程序连续放置一个指令块内,即一个简单的程序块内包含系统的所有指令。线性化编程不带分支,通常是 OB1 程序按顺序执行每条指令,软件管理的功能相对简单。这个结构是最初 PLC 模拟继电器梯形逻辑的模型。线性化程序具有简单、直接的特点。编程时,不必考虑功能块如何编程及如何调用,也不必考虑如何定义局部变量及如何使用背景数据块。由于所有的指令在一个块内,因此它适用于只需一个人编写、相对简单的控制程序。

2. 分部编程

分部编程是把一项控制任务分成若干个独立的块,每个块用于控制一套设备或一系列工作的逻辑指令,而这些块的运行靠组织块(OB)内的指令来调用。在分部程序中,既无数据交换,也无重复利用的程序代码。功能块不传递也不接收参数,分部程序结构的编程效率比线性化程序有所提高,程序测试也较方便,对程序员的要求也不太高。对不太复杂的控制程序可考虑采用这种程序结构。

3. 结构化编程

结构化编程把过程要求的类似或相关的功能进行分类,并试图提供可以用于几个任务的通用解决方案。向指令块提供有关信息(以参数形式),结构化程序能够重复利用这些通用模块,只需要在使用功能块时为其提供不同的环境变量(实参),就能完成对不同设备的控制。完全结构化(模块化)的程序结构是 PLC 程序设计和编程最有效的结构形式,它可用于复杂程度高、程序规模大的控制应用程序设计。结构化程序有最高的编程和程序调试效率,应用程序代码量也最小。结构化程序还支持多个程序员协同编程。

为支持结构化程序设计,STEP 7 用户程序通常由组织块(OB)、功能块(FB)或功能

（FC）三种类型的逻辑块和数据块（DB）组成。STEP 7 以文件块的形式管理用户编写的程序及程序运行所需的数据，组成结构化的用户程序。这样，PLC 的程序组织明确、结构清晰、易于修改。

由整个任务分解而产生的单个任务被分配给块，这些块中存储了用于解决这些单个问题所必需的算法和数据。STEP 7 中的块，如功能（FC）和功能块（FB），可以赋予参数，通过使用这些块便实现了结构化编程的概念。这意味着，解决单个任务的块，使用局部变量来实现对其自身数据的管理；块通过块参数来实现与"外部"的通信，即与过程控制的传感器和执行器，或者与用户程序中的其他块之间的通信。在块的指令段中，不允许访问如输入、输出、位存储器或 DB 中的变量这样的全局地址。

结构化编程具有如下优点。

（1）各单个任务块的创建和测试可以相互独立地进行。

（2）通过使用参数，可将块设计得十分灵活。例如，可以创建一个钻孔循环，其坐标和钻孔深度可以通过参数传递进来。

（3）块可以根据需要在不同的地方以不同的参数数据记录进行调用，也就是说，这些块能够被再利用。

（4）在预先设计的库中，能够提供用于特殊任务的"可重用"块。

4.2.2 用户程序中的块

STEP 7 编程软件允许用户将其编写的程序和程序所需的数据放在块中，使用户程序结构化，易于修改、查错和调试。块结构显著地增加了 PLC 程序的组织透明性、可理解性和易维护性。用户程序中的块见表 4-4。

表 4-4 用户程序中的块

块	功 能 简 介
组织块（OB）	决定用户程序的结构
系统功能块（SFB）和系统功能（SFC）	集成在 CPU 模块中，通过调用 SFB 或 SFC，可以访问一些重要的系统功能
功能块（FB）	用户可以自行编程带有存储区的块
功能（FC）	包含用户经常使用的功能的子程序
背景数据块（DI）	调用 FB 和 SFB 时，背景数据块与块关联，并在编译过程中自动创建
共享数据块（DB）	用于存储用户数据的数据区域，供所有的块共享

1. 组织块（OB）

组织块（OB）是统称，主要应用是组织块 OB1，OB1 是主程序循环块，用于循环处理，操作系统在每次循环中调用一次 OB1。一个循环周期分为输入、程序的执行、输出和其他任务。例如，下载和删除块、接收和发送全局数据等。根据过程控制的复杂程度，可将所有程序放入 OB1 中进行线性编程，或者将程序用不同的逻辑块加以结构化，通过 OB1 调用这些逻辑块，并允许块间的相互调用。这样可以把一个复杂的自动化任务分解为能够反映过程的工艺、功能或可以反复使用的小任务，使控制变得更加容易。S7-300 PLC 的程序调用结构如图 4-11 所示。

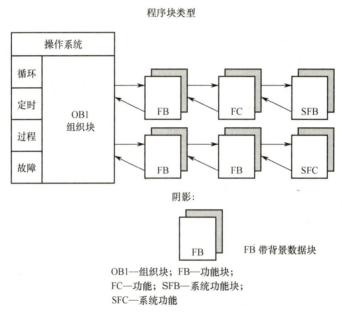

图 4-11 S7-300 PLC 的程序调用结构

从图 4-11 中可以看出，操作系统自动循环扫描 OB1，OB1 安排其他程序块的调用条件和调用顺序。FC 和 FB 可以相互调用。FB 后面的阴影图案表示伴随 FB 的背景数据块。

块的调用指令中止当前块的运行调用，然后执行被调用块的所有指令，当前正在执行的块在当前语句执行完毕后被停止执行（被中断），操作系统将会调用一个分配给该事件的组织块。该组织块执行完毕后，被中断的块将从断点处继续执行。

生成逻辑块（OB、FC、FB）时可以声明临时局域数据。这些数据是临时的，退出逻辑块时不保留临时局部数据。CPU 按优先级划分局部数据区，同一优先级的块共用一片局部数据区。可以用 STEP 7 改变 S7-400 每个优先级的局部数据的数量。

2. 功能（FC）与功能块（FB）

功能（FC）是用户编写的没有固定存储区的块，其临时变量存储在局部数据区中，功能执行结束后，这些数据就丢失了。利用共享数据区可以存储那些在功能执行结束后需要保存的数据，由于功能没有自己的数据存储区，所以不能为功能的局部数据分配初始值。

调用功能和功能块时用实参（实际参数）代替形参（形式参数）。形参是实参在逻辑块中的名称，功能不需要背景数据块。功能和功能块用输入参数、输出参数和 I/O 参数做指针，指向调用它的逻辑块提供的实参。另外，功能可以为调用它的块提供数据类型为 RETURN 的返回值。

功能块（FB）是用户编写的具有自己存储区域（背景数据块）的块，每次调用功能块时需要提供各种类型的数据给功能块，功能块也要返回变量给调用它的块。这些数据以静态变量的形式存放在指定的背景数据块（DI）中，临时变量存储在局部数据区中。

调用功能块或功能块系统时，必须指定背景数据块的编号，调用时背景数据块被自动打开。在编译功能块系统或功能块时，系统会自动生成背景数据块中的数据。用户可以在用户程序中或通过 HMI（人机接口）来访问这些背景数据。

可以在功能块的变量声明表中给形参赋初值，它们被自动写入相应的背景数据块中。在调用块时，CPU 将实参分配给形参的值存储在背景数据块中。如果调用块时没有提供实参，则使用上一次存储在背景数据块中的参数。

3. 数据块（DB）

数据块（DB）是存放执行用户程序时所需的变量数据的数据区。与逻辑块不同，在数据块中没有 STEP 7 的指令，STEP 7 按数据生成的顺序自动地为数据块中的变量分配地址。数据块分为共享数据块、背景数据块和用户定义数据块，其最大容量与 CPU 型号有关。

1）共享数据块

共享数据块存储的是全局数据，所有的功能块、功能或组织块（统称为逻辑块）都可以从共享数据块中读取数据，或者将数据写入共享数据块。CPU 可以同时打开一个共享数据块和一个背景数据块。如果某个逻辑块被调用，可以使用它的临时局部数据区（L堆栈）。逻辑块执行结束后，其局部数据区中的数据丢失，但共享数据块中的数据不会被删除。

2)背景数据块

背景数据块中的数据是自动生成的,它们是功能块变量声明表中的数据(不包括临时变量)。背景数据块用于传递参数,功能块的实参和静态数据存储在背景数据块中,调用功能块时,应同时指定背景数据块的编号和符号,背景数据块只能被指定的功能块访问。

操作时应首先生成功能块,然后生成它的背景数据块。在生成背景数据块时指明它的类型为背景数据块,并指明功能块的编号。在调用功能块时使用不同的背景数据块,可以控制多个同类的对象。例如,一个用于电动机控制的功能块,可以通过对每个不同的电动机使用不同的背景数据块来控制,如图4-12所示。

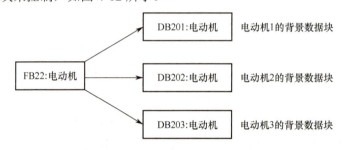

图4-12 用于不同对象的背景数据块

4. 系统功能块(SFB)和系统功能(SFC)

系统功能块和系统功能是S7系列CPU提供的已经为用户编制好程序的块,用户可以直接调用它们,以便高效地编制自己的程序,但用户不能修改这些功能块。它们是操作系统固有的一部分,不占用用户的程序空间。其中系统功能块有存储功能,其变量保存在指定的背景数据块中。

5. 系统数据块(SDB)

系统数据块是由STEP 7产生的程序存储区,包含系统组态数据。例如,硬件模块参数和通信连接参数等用于CPU操作系统的数据。

6. 块的调用

在程序编制过程中,可以用CALL、CU(无条件调用)和CC(RLO=1时调用)指令调用没有参数的功能和功能块。这里需要注意用CALL指令调用功能块和系统功能块时,必须指定背景数据块,并且静态变量和临时变量不能出现在调用指令中。

第 4 章　工业搅拌系统的 PLC 控制

任务实施

本节任务实施见表 4-5 和表 4-6。

表 4-5　编程方法任务书

姓　　名		任务名称		编程方法
指导教师		同组人员		
计划用时		实施地点		
时　　间		备　　注		
任务内容				
1. 了解 STEP 7 的 3 种编程语言 2. 熟悉组织块（OB）功能 3. 熟悉功能（FC）与功能块（FB）功能 4. 熟悉数据块（DB）功能				
考核内容	讲述 STEP 7 的 3 种编程语言			
	讲述组织块（OB）功能			
	讲述功能（FC）与功能块（FB）功能			
	讲述数据块（DB）功能			
资　料		工　具		设　备
教材				

125

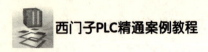

表 4-6　编程方法任务完成报告

姓　　名		任务名称	编程方法
班　　级		同组人员	
完成日期		实施地点	

1. 讲述 STEP 7 编程的 3 种编程语言

2. 讲述组织块（OB）功能

3. 讲述能（FC）与功能块（FB）功能

4. 讲述数据块（DB）功能

4.3 功能块与功能的调用

 知识准备

4.3.1 功能块的组成

在功能块（FB）中，当访问参数时使用背景数据块中实参的复制参数。当调用 FB 时，如果没有传送输入参数或没有写输出参数，则背景数据块中将始终使用以前的值。FC 没有存储器，与 FB 对比，不可以选择对 FC 的形参赋值。当数据块的一个地址或调用块的局部变量作为实参时，则将一个复制的实参存储到调用块的局部数据区，用它来传送数据。

注意，在这种情况下，如果没有向 FC 的输出参数写入一个数据，则将输出一个随机值。由于作为复制数据所保留的调用块的局部数据区没有赋值到输出参数，所以该区没有写入任何数据。因为局部数据不能自动地设置为 0，所以将输出存储在该区域的随机值。

FB 为用户程序块，代表具有存储器的逻辑块，可以由 OB、FB 和 FC 调用。FB 可以根据需要具备足够的输入参数、输出参数和 I/O 参数，以及静态变量和临时变量。与 FC 不同的是，FB 是背景化了的块，也就是说，FB 可以由其私有数据区的数据进行赋值，在其私有数据区中，FB 可以"记住"调用时的过程状态。最简单的形式为：该专用数据区便是 FB 的自有 DB，也就是所谓的背景数据块。

FB 主要由两部分组成：一部分是每个 FB 的变量声明表，该表声明此块的局部数据；另一部分是由逻辑指令组成的程序，程序要用到变量声明表中给出的局部数据。

当调用 FB 时，需要提供块执行时用到的数据或变量，也就是将外部数据传递给 FB，称之为参数传递。参数传递的方式使得 FB 具有通用性，它可被其他的块调用，以完成多个类似的控制任务。

一个程序由许多部分（子程序）组成，STEP 7 将这些部分称为逻辑块，并允许块间相互调用。FB 的调用过程如图 4-13 所示。

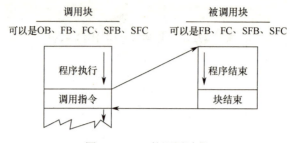

图 4-13 FB 的调用过程

4.3.2 功能块局部变量声明

通常，对功能块编程分两步进行。

第一步是定义局部变量（填写局部变量表）。

第二步是编写要执行的程序，并在编程过程中使用定义了的局部变量（数据）。

定义局部变量包括以下工作内容。

（1）分别定义形参、静态变量和临时变量（FC 中不包括静态变量）。

（2）确定各变量的声明类型（Decl）、变量名（Name）和数据类型（Data Type），还要为变量设置初始值（Initial Value）（尽管对有些变量设置初始值不一定有意义）。如果需要还可为变量注释（Comment）。在增量编程模式下，STEP 7 将自动产生局部变量地址（Address）。

写功能块程序时，可以用以下两种方式使用局部变量。

（1）使用变量名，此时变量名前加前缀"#"，以区别于在符号表中定义的符号地址。在增量方式下，前缀会自动产生。

（2）直接使用局部变量的地址，这种方式只对背景数据块和 L 堆栈有效。

每个逻辑块前部都有一个变量声明表，在变量声明表中定义逻辑块用到的局部数据。局部数据类型见表 4-7。

表 4-7 局部数据类型

变量名	声明类型	说明
输入参数	IN	由调用逻辑块的块提供数据，给逻辑块输入
输出参数	OUT	向调用逻辑块的块返回数据，即从逻辑块输出数据
I/O 参数	IN_OUT	参数的值由调用块的块提供，运算后返回
静态变量	STAT	存储在背景数据块中，块调用后，其内容被保留
临时变量	TEMP	存储在 L 堆栈中，块执行结束后变量的值被丢掉

1)形参

为了保证功能块对同一类设备控制的通用性,应使用这类设备的抽象地址参数(简称形参)。功能块在运行时将该设备的相应实际存储区地址参数(简称实参)替代形参,从而实现功能块的通用性。

形参需在功能块的变量声明表中定义,实参在调用功能块时给出。在功能块的不同调用处,可为形参提供不同的实参,但实参的数据类型必须与形参的数据类型一致。

2)静态变量

静态变量在 PLC 运行期间始终被存储。STEP 7 将静态变量定义在背景数据块中,因此只能为 FB 定义静态变量。FC 不能有静态变量。

3)临时变量

临时变量仅在逻辑块运行时有效,逻辑块结束时存储临时变量的内存被操作系统另行分配。STEP 7 将临时变量定义在 L 堆栈中。

在变量声明表(见表 4-8)中,要明确局部数据的数据类型,这样操作系统才能给变量分配确定的存储空间。局部数据可以是基本数据类型或复式数据类型,也可以是专门用于参数传递的所谓"参数类型"。参数类型包括定时器、计数器、块的地址或指针,见表 4-9。

表 4-8 变量声明表

变 量 名	声 明 类 型	说　明
输入参数	IN	由调用逻辑块的块提供数据,给逻辑块输入的指令
输出参数	OUT	向调用逻辑块的块返回数据,即从逻辑块输出结果数据
I/O 参数	IN_OUT	参数的值由调用块的块提供,由逻辑块处理修改,然后返回
静态变量	STAT	存储在背景数据块中,块调用后,其内容被保留
状态变量	TEMP	存储在 L 堆栈中,块执行结束后变量的值因被其他内容覆盖而丢失

表 4-9 参数类型

参 数 类 型	大　小	说　明
定时器(Timer)	2B	定义一个定时器形参,调用时赋予定时器实参
计数器(Counter)	2B	定义一个计数器形参,调用时赋予计数器实参
块: Block_FB Block_FC Block_DB Block_SDB	2B	定义一个功能块或数据块形参变量,调用时给块类形参赋予实际的块编号,如 FC 101、DB 42

续表

参数类型	大小	说 明
指针（Pointer）	6B	该形参是内存的地址指针。例如，调用时可给形参赋予实参 P#M50.0，以访问内存 M50.0
ANY	10B	当实参的数据类型未知时，可以使用该类型

4.3.3 功能块与功能的应用举例

下面以发动机控制系统的用户程序为例，介绍生成和调用功能块和功能的方法。

1. 创建项目

生成一个新项目最简单的方法是使用"NEW PROJECT"向导，具体方法是，在计算机的"桌面"上双击"SIMATIC Manager"图标，在弹出的新项目向导中单击"Next"按钮，依次选择 CPU 的型号、MPI 站地址、需要编程的组织块和使用的编程语言等，最后设置项目的名称为"发动机控制"。

2. 生成用户程序结构

程序结构如图 4-14 所示，组织块 OB1 是主程序，用一个名为"发动机控制"的功能块 FB1 来分别控制汽油机和柴油机，控制参数在背景数据块 DB1 和 DB2 中。控制汽油机时调用 FB1 和名为"汽油机数据"的背景数据块 DB1，控制柴油机时调用 FB1 和名为"柴油机数据"的背景数据块 DB2。此外，控制汽油机和柴油机时还用不同的实参分别调用名为"风扇控制"的功能 FC1。图 4-15 所示是程序设计完成后 SIMATIC 管理器中的块。

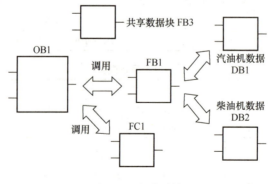

图 4-14 程序结构

第 4 章 工业搅拌系统的 PLC 控制

图 4-15 SIMATIC 管理器中的块

3. 编制符号表与变量声明表

1）符号表

为了便于理解程序，可以给变量指定符号。发动机控制项目的符号表见表 4-10，符号表中定义的变量是全局变量，可供所有的逻辑块使用。

表 4-10 发动机控制项目的符号表

符 号 名	地 址	符 号 名	地 址	符 号 名	地 址	符 号 名	地 址
汽油机数据	DB1	启动汽油机	I1.0	柴油机转速	MW4	柴油机达到设定转速	Q5.5
柴油机数据	DB2	关闭汽油机	I1.1	主程序	OB1	柴油机风扇运行	Q5.6
共享数据	DB3	汽油机故障	I1.2	自动模式	Q4.2	汽油机风扇延时	T1
发动机控制	FB1	启动柴油机	I1.3	汽油机运行	Q5.0	柴油机风扇延时	T2
风扇控制	FC1	关闭柴油机	I1.4	汽油机达到设定转速	Q5.1		
自动按钮	I0.5	柴油机故障	I1.5	汽油机风扇运行	Q5.2		
手动按钮	I0.6	汽油机转速	I1.6	柴油机运行	Q5.4		

2）变量声明表

发动机控制程序中 FB1 的变量声明表见表 4-11。表中 Bool 变量的初值为 FALSE，即二进制数 0。预置转速是固定值，在变量声明表中作为静态参数被存储，称为"静态局部变量"。

表 4-11 FB1 的变量声明表

名 称	数据类型	地 址	声明类型	初 始 值	注 释
Switch_On	Bool	0.0	IN	FALSE	启动按钮
Switch_Off	Bool	0.1	IN	FALSE	停车按钮
Failure	Bool	0.2	IN	FALSE	故障信号
Actual_Speed	Int	2.0	IN	0	实际转速
Engine_On	Bool	4.0	OUT	FALSE	发动机输出信号
Preset_Speed_Reached	Bool	4.1	OUT	FALSE	达到预置转速
Preset_Speed	Int	6.0	STAT	1500	预置转速

如果控制功能不需要保存它自己的数据，也可以用 FC 来编程。与 FB 相比，FC 不需要配套的背景数据块。

在功能的变量声明表中可以使用的参数声明类型有 IN、OUT、IN_OUT、TEMP 和 RETURN（返回参数），功能不能使用静态局部数据。

FC1 的变量声明表见表 4-12。在变量声明表中不能用汉字作为变量的名称。

表 4-12　FC1 的变量声明表

名　　称	数 据 类 型	声 明 类 型	注　　释
Engine_On	Bool	IN	输入信号，发动机启动
Timer_Function	Timer	IN	停机延时的定时器功能
Fan_On	Bool	OUT	用于控制风扇的输出信号

FC1 用来控制发动机的风扇，要求在启动发动机的同时启动风扇，发动机停止后，风扇继续运行 4s 后停止，因此使用了延时断开定时器（S_OFFDT）。FC1 的梯形图程序如图 4-16 所示。

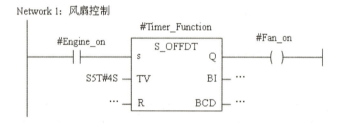

图 4-16　FC1 的梯形图程序

OB1 主程序如图 4-17 所示。

在 OB1 中，使用 CALL 指令调用功能块 FB1。方框内的"发动机控制"是 FB1 的符号名，方框上面的"汽油机数据"是对应的 DB1 的符号名。方框内是功能块的形参，方框外是对应的实参。方框的左边是块的输入量，右边是块的输出量。功能块的符号名是在符号表中定义的。

两次调用功能块"发动机控制"时，功能块的输入变量和输出变量不同。除此之外，分别使用汽油机的背景数据块"汽油机数据"和柴油机的背景数据块"柴油机数据"，两个背景数据块中的变量相同，区别仅在于变量的实参不同和静态参数（如预置转速）的初值不同。背景数据块中的变量与"发动机控制"功能块变量声明表中的变量相同（不包括临时变量）。

第 4 章 工业搅拌系统的 PLC 控制

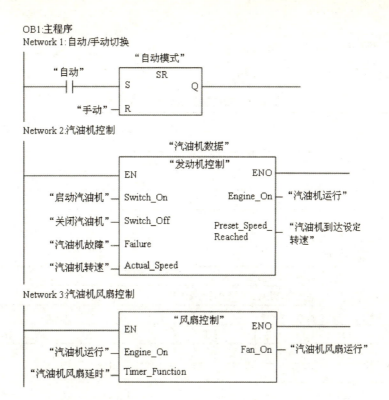

图 4-17 OB1 主程序

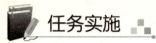

本节任务实施见表 4-13 和表 4-14。

表 4-13 功能块与功能的调用任务书

姓 名		任务名称	功能块与功能的调用
指导教师		同组人员	
计划用时		实施地点	
时 间		备 注	
任务内容			
1. 掌握功能块的组成 2. 熟悉功能块局部变量的定义及使用 3. 熟悉功能块与功能的应用			
考核内容	讲述功能块的组成		
	讲述功能块局部变量的定义及使用		
	讲述生成和调用功能块和功能的方法		
资 料		工 具	设 备
教材			

第 4 章　工业搅拌系统的 PLC 控制

表 4-14　功能块与功能的调用任务完成报告

姓　　名		任务名称	功能块与功能的调用
班　　级		同组人员	
完成日期		实施地点	

1．讲述功能块的组成

2．讲述功能块局部变量的定义及使用

3．讲述生成和调用功能块和功能的方法

4.4 数 据 块

知识准备

4.4.1 数据块的分类及使用

数据块（DB）定义在 S7 系列 CPU 的存储器中，用户可在存储器中建立一个或多个数据块。每个数据块可大可小，但 CPU 对数据块数量及数据总量有限制，如 CPU314，用作数据块的存储器最多为 8KB，用户定义的数据总量不能超出这个限制。对数据块必须遵循先定义后使用的原则，否则将造成系统错误。

数据块可用来存储用户程序中逻辑块的变量数据（如数值）。与临时数据不同，当逻辑块执行结束或数据块关闭时，数据块中的数据保持不变。

用户程序可以使用位、字节、字或双字操作方式访问数据块中的数据，也可以使用符号或绝对地址访问。

1．数据块的分类

数据块有三种类型，即共享数据块、背景数据块和用户定义数据块。

共享数据块又称全局数据块，用于存储全局数据，所有逻辑块（OB、FC、FB）都可以访问共享数据块存储的信息。

背景数据块用作"私有存储器区"，即用作功能块（FB）的"存储器"。FB 的参数和静态变量安排在它的背景数据块中。背景数据块不是由用户编辑的，而是由编辑器生成的。

用户定义数据块（DB of Type）是以 UDT1 为模板生成的数据块。创建用户定义数据块前，必须创建一个用户定义数据类型，如 UDT1，并在 LAD/STL/FBD S7 程序编辑器内定义。

利用 LAD/STL/FBD S7 程序编辑器，或者用已经生成的用户定义数据类型可建立共享数据块。当调用 FB 时，系统将产生背景数据块。

2．数据块寄存器

CPU 有两个数据块寄存器：DB 寄存器和 DI 寄存器。这样，可以同时打开两个数据块。

数据块中的数据类型如下。

1)基本数据类型

基本数据类型包括位(Bool)、字节(Byte)、字(Word)、双字(Dword)、整数(INT)、双整数(DINT)和浮点数(Float,或称实数 Real)等。

2)复合数据类型

日期和时间用 8 字节的 BCD 码来存储。第 0~5 号字节分别存储年、月、日、时、分和秒,毫秒存储在字节 6 和字节 7 的高 4 位,星期存储在字节 7 的低 4 位。例如,2008 年 9 月 27 日 12 点 30 分 25.123 秒可以表示为 DT#08-09-27-12:30:25.123。

字符串(STRING)由最多 254 个字符(CHAR)和 2 字节的头部组成。字符串的默认长度为 254,通过定义字符串的长度可以减少它占用的存储空间。

3)数组

数组(ARRAY)是同一类型的数据组合而成的一个单元。ARRAY [1..2,1..3]是一个二维数组,共有 6 个整数元素。最多为 6 维。数组元素"TANK".PRESS[2,1],TANK 是数据块的符号名,PRESS 是数组的名称,方括号中的数字是数组元素的下标。如果在块的变量声明表中声明形参的类型为 ARRAY,则可以将整个数组而不是某些元素作为参数来传递。

4)结构

结构(STRUCT)是不同类型的数据的组合,可以用基本数据类型、复式数据类型和用户定义数据类型作为结构中的元素,能够嵌套 8 层。数据块 TANK 内结构 STACK 的元素 AMOUNT 应表示为"TANK".STACK.AMOUNT。将结构作为参数传递时,作为形参和实参的两个结构必须有相同的数据结构(即相同数据类型的结构元素和相同的排列顺序)。

5)用户定义数据类型

用户定义数据类型(UDT)是一种特殊的数据结构,由用户自己生成,定义好后可以在用户程序中多次使用。

在变量声明表中,要明确局部数据的数据类型,这样,操作系统才能给变量分配确定的存储空间。局部数据可以是基本数据类型或复式数据类型,也可以是专门用于参数传递的所谓"参数类型",如表 4-8 所示。

4.4.2 建立数据块

在 STEP 7 中,为了避免出现系统错误,在使用数据块前,必须先建立数据块,并在块中定义变量(包括变量符号名、数据类型及初始值等)。数据块中变量的顺序及类型决定了数据块的数据结构,变量的数量决定了数据块的大小。数据块建立后,还必须同程序块一起下载到 CPU 中才能被程序块访问。

1. 建立数据块

在 STEP 7 中,可采用以下两种方法创建数据块。

1)用 SIMATIC 管理器创建数据块

例如,用 SIMATIC 管理器创建一个名称为 DB1 的共享数据块,具体步骤如下。

首先在 SIMATIC 管理器中选择 S7 项目的 S7 程序的块文件夹,然后执行菜单命令"插入新对象"→"数据块",如图 4-18 和图 4-19 所示。

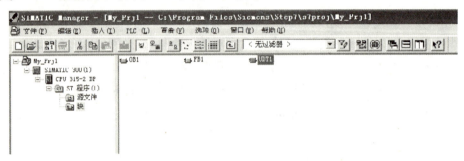

图 4-18 选择块的界面

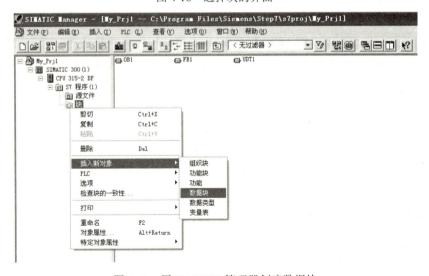

图 4-19 用 SIMATIC 管理器创建数据块

第 4 章　工业搅拌系统的 PLC 控制

在弹出的数据块属性对话框中设置要建立的数据块属性。

（1）数据块名称：DB1、DB2 等。

（2）数据块的符号：可选项，如 MY_DB。

（3）符号注释：可选项。

（4）数据块的类型：共享数据块（共享的 DB）、背景数据块（背景的 DB）或用户定义数据块（用户定义的 DB）。

这里将数据块命名为 DB1，符号名为 MY_DB，类型为 Share DB。设置完毕单击"确定"按钮确认。

定义数据块的属性如图 4-20 所示。

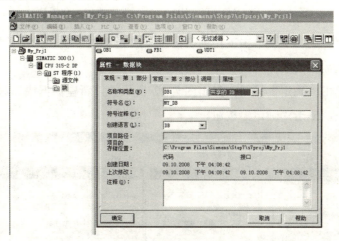

图 4-20　定义数据块的属性

2）用 LAD/STL/FBD S7 程序编辑器创建数据块

用 LAD/STL/FBD S7 程序编辑器创建一个 DB1 共享数据块，具体步骤如下。

在 Windows 下执行菜单命令"开始"→"Simatic"→"STEP 7"→"LAD/STL/ FBD-Programming S7 Blocks"，启动 LAD/STL/FBD S7 程序编辑器。

执行菜单命令"文件"→"新建"或单击新建工具图标，在"新建"对话框内的"输入点"选项下，单击下拉列表按钮，项目类型有项目（Project）、库（Library）、项目例程（Example Project）和多项目（Multiproject），这里选择"项目"，如图 4-21 所示。

在"名称"选项下，单击下拉列表按钮，选择已存在的项目，这里选择"My_Prj1"。

139

图 4-21　用 LAD/STL/FBD S7 程序编辑器建立数据块

在"对象类型"选项下，单击下拉列表按钮，选择对象类型为"数据块"；在"对象名称"选项中输入数据块名称"DB1"。

设置完毕，单击"确定"按钮，弹出图 4-22 所示的"新建数据块"对话框。在这里选择创建共享数据块，单击"确定"按钮。

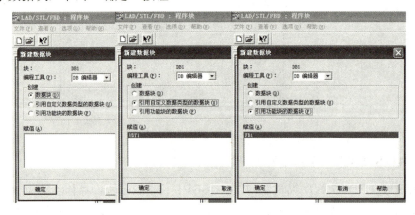

图 4-22　"新建数据块"对话框

2. 定义变量

共享数据块建立后，可以在 S7 的块文件夹内双击数据块图标，启动 LAD/STL/FBD S7 程序，打开该数据块。

图 4-23 所示为定义了 5 个变量后的界面。变量定义完成后，单击"保存"按钮并编译，如果没有错误则单击"下载"按钮，将数据下载至 CPU。

第 4 章 工业搅拌系统的 PLC 控制

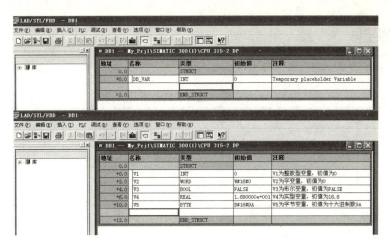

图 4-23 定义变量后的界面

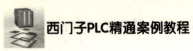

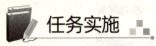 任务实施

本节任务实施见表 4-15 和表 4-16。

表 4-15　数据块任务书

姓　名		任务名称		数据块
指导教师		同组人员		
计划用时		实施地点		
时　间		备　注		
任务内容				
1. 熟悉数据块的分类 2. 熟悉数据块中的数据类型 3. 掌握数据块的建立				
考核内容	讲述数据块的分类			
	讲述数据块中的数据类型			
	讲述数据块的建立			
资　料		工　具		设　备
教材				

第 4 章 工业搅拌系统的 PLC 控制

表 4-16 数据块任务完成报告

姓　　名		任务名称		数据块	
班　　级		同组人员			
完成日期		实施地点			

1. 讲述数据块的分类

2. 讲述数据块中的数据类型

3. 讲述数据块建立的方法

4.5 结构化程序设计

知识准备

4.5.1 逻辑块的编程

在打开一个逻辑块后，其编辑窗口上半部分包括块的变量列表视窗和变量详细列表视窗，窗口下半部分包括对实际的块代码进行编辑的指令表，如图 4-24 所示。

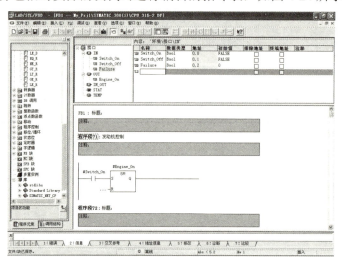

图 4-24　逻辑块编辑窗口

在对逻辑块编程时必须完成以下三部分的工作。

（1）变量声明。分别定义形参、静态变量和临时变量（FC 块中不包括静态变量）；确定各变量的声明类型（Decl）、变量名（Name）和数据类型（Data Type），还要为变量设置初始值（Initial Value）。如果需要还可为变量注释（Comment）。在增量编程模式下，STEP 7 将自动产生局部变量地址（Address）。

（2）代码段。在代码段中，对将要由 PLC 进行处理的块代码进行编程。它由一个或多个程序段组成。要创建程序段，可使用各种编程语言，如 LAD、STL、FBD。

（3）块属性。块属性包含了其他附加的信息，如由系统输入的时间标志或路径。此外，也可输入相关详细资料,如名称、系列、版本及作者等,还可为这些块分配系统属性。

1. 临时变量的定义及使用

1) 定义临时变量

在使用临时变量前,必须在块的变量声明表中进行定义,在 TEMP 行中输入变量名和数据类型,临时变量不能赋予初值。

当完成一个临时变量行后,按"Enter"键,则一个新的 TEMP 行添加在其后。L 堆栈的绝对地址由系统赋值并在 Address 栏中显示。如图 4-25 所示,在功能 FC1 的局部变量声明列表内定义了一个临时变量 result。

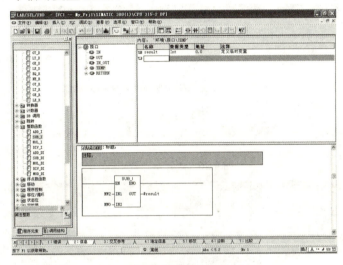

图 4-25 临时变量的定义

2) 访问临时变量

图 4-25 所示为一个用符号地址访问临时变量的例子。减运算的结果被存储在临时变量 #result 中。也可以采用绝对地址来访问临时变量,但这样会使程序的可读性变差,所以最好不要采用绝对地址。

在引用局部变量时,如果在块的变量声明表中有引用局部变量符号名,STEP 7 自动在局部变量名前加"#"。如果要访问与局部变量重名的全局变量(在符号表内声明),则必须使用双引号(如"symbol name"),否则,编辑器会自动在符号前加上"#",当作局部变量使用。因为编辑器在检查全局符号表前先检查块的变量声明表。

3）局部数据区的查看

每个程序处理级（如 OB1 和其所有嵌套的块）占用局部数据的特定区域，这个区域有容量限制。例如，CPU314 可使用局部数据区中的 256B，这意味着 OB1 及 OB1 调用的所有嵌套块的局部变量可使用 256B。

利用"参考数据"工具可查看程序所占用的局部数据区的字节数，操作步骤如下。

在 SIMATIC 管理器中选中块文件夹，先执行菜单命令"选项"→"参考数据"→"显示"，然后在弹出的"自定义"对话框中选择"程序结构"选项，即可在参考表内查看局部数据的占用情况，如图 4-26～图 4-28 所示。

图 4-26　选择参考数据

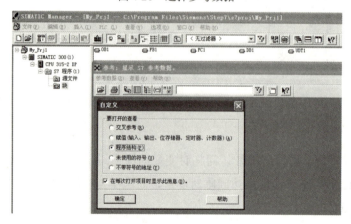

图 4-27　选择程序结构

在程序执行过程中，如果所使用的局部数据超过了最大限额，则 CPU 进入 STOP 模式，并将错误信息"STOP caused by error when allocating local data"记入 diagnostics buffer（诊断缓冲区）中。

第 4 章 工业搅拌系统的 PLC 控制

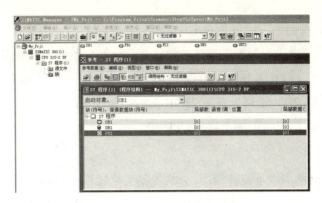

图 4-28 局部数据区的查看

4) 显示所需字节数

在块的属性中可以看到块所需要的局部数据区的字节数,如图 4-29 和图 4-30 所示,操作步骤如下。

图 4-29 选择 OB1

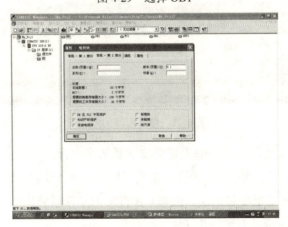

图 4-30 查看字节数

147

在 SIMATIC 管理器中，用鼠标右击块，然后在弹出的菜单中选择"对象属性"命令，或者在 SIMATIC 管理器中用鼠标左键选中块，然后执行菜单命令"编辑"→"对象属性"。

对于 S7-300 而言，操作系统分配给每个执行级（OB）的局部数据区的最大数值为 256B。OB 自己占去 20B 或 22B，还剩下最多 236B 可分配给 FC 或 FB。如果块中定义的局部数据区的数值大于 256B，该块将不能下载到 CPU 中。

2. 形参的定义

要使同一个块能够多次重复被调用，分别控制工艺过程相同的不同对象，在编写程序前，必须在变量声明表中定义形参，当用户程序调用该块时，要用实参给这些参数赋值，具体步骤如下。

（1）创建或打开一个 FC 或 FB。

（2）形参的定义如图 4-31 和图 4-32 所示，在变量声明表内，首先选择参数接口类型（IN、OUT 或 IN_OUT），然后输入参数名称，再选择该参数的数据类型（有下拉列表），如果需要还可以为每个参数分别加上相关注释。

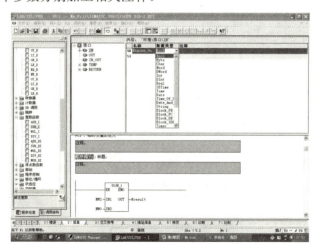

图 4-31　输入形参的定义

一个参数定义完成后，按"Enter"键即出现新的空白行。

需要说明的是，用户只能为 FC 或 FB 定义形参，将 FC 或 FB 指定为可分配参数的块，而不能将 OB 指定为可分配参数的块，因为 OB 直接由操作系统调用。由于在用户程序中不出现对组织块的调用，所以不可能传送实参。

第 4 章 工业搅拌系统的 PLC 控制

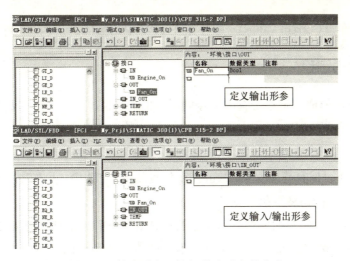

图 4-32 输出形参、输入/输出形参的定义

形参有 3 种不同的接口类型："IN"表示输入（只读型）参数；"OUT"表示输出（只写型）参数；既有读访问（被指令 A、O、L 查询），又有写访问（由指令 S、R、T 赋值）的形参，必须将它定义为"IN_OUT"类型。

还有一个"RETURN"参数，它是有特殊名称的参数，该参数仅存在于 FC 的接口中。

块所声明的形式参数（IN、OUT 或 IN_OUT，不包括 TEMP）是它对"外"的接口。它们和其他调用块有关，如果以后通过删除或插入形参的方式改变了 FC 或 FB 的接口，则必须刷新调用指令。

3. 编写控制程序

编写控制（FC 和 FB）程序时，可以用以下两种方式使用局部变量。

1) 使用变量名

此时变量名前加"#"，以区别在符号表中定义的符号地址。在增量方式下，前缀会自动产生。

2) 直接使用局部变量的地址

这种方式只对背景数据块和 L 堆栈有效。

在调用 FB 时，要说明其背景数据块。背景数据块应在调用前生成，其顺序格式与变量声明表必须保持一致。在增量方式下，调用 FB 时，STEP 7 会自动提醒并生成背景数据块。此时，也给背景数据块设置了初始值，该初始值与变量声明表中的相同。当然也可以为背景

149

数据块设置当前值（Current Value），即存储在 CPU 中的数值。

4.5.2 功能块的编程

FB 不同于 FC 的地方是它带有一个存储区，也就是说，有一个局部数据块分配给 FB，这个数据块称为背景数据块。当调用 FB 时，必须指定背景数据块的号码，该数据块将自动打开。

背景数据块可以保存静态变量，故静态变量只能用于 FB 中，并在其变量声明表中定义。
当 FB 退出时，静态变量仍然保持。
当 FB 被调用时，实参的值被存储在它的背景数据块中。如果在块调用时，没有实参分配给形参，则在程序执行中将采用上一次存储在背景数据块中的参数值。
每次调用 FB 时可以指定不同的实参。当块退出时，背景数据块中的数据仍然保持。
FB 的优点如下。

（1）当编写 FC 程序时，必须寻找空的标志区或数据区来存储需保存的数据，并且要自己编写程序来保存它们。而 FB 的静态变量可由 STEP 7 的软件自动保存。

（2）使用静态变量可避免两次分配同一个存储区的错误。

结合前面求平均值的例子，如果用 FB 实现 FC1 的功能，并用静态变量 Early Value、Last Value 和 Lastest Value 来替代原来的形参，如表 4-17 所示，将可省略这 3 个形参，简化了块的调用。

表 4-17　定义 FB 的形参

参 数 类 型	名　称	数 据 类 型	注　释
IN	Raw Value	REAL	要处理的原始数值
STAT	Early Value	REAL	最早的一个数
STAT	Last Value	REAL	较早的一个数
STAT	Lastest Value	REAL	最近的一个数
OUT	Processed Value	REAL	处理后的数
TEMP	temp1	REAL	中间结果
TEMP	Temp2	REAL	中间结果

在 FB1 中定义形参，图 4-33 所示为调用 FB1 子程序，其中 DB1 为 FB1 的背景数据块，在输入时若 DB1 不存在，则将自动生成背景数据块。双击打开背景数据块 DB1，可以看到，

第 4 章 工业搅拌系统的 PLC 控制

DB1 中保存的正是在 FB 的接口中定义的形参。对于背景数据块（见图 4-34）而言，无法进行编辑修改，只能读写其中的数据。

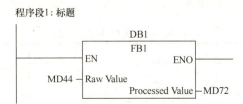

图 4-33 调用 FB1 子程序

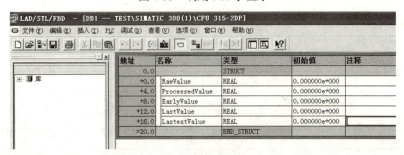

图 4-34 背景数据块

调用 FB 时需要为其指定背景数据块，称之为 FB 背景化，类似于 C 语言等高级语言中的背景化，即在变量名称和数据类型下面建立一个变量。只有通过用于存储块参数值和静态变量的"自有"数据区，FB 才能成为可执行的单元（FB 背景）；然后使用 FB 背景，即分配有数据区的 FB，这样就能控制实际的处理设备。同时，该过程单元的相关数据存储在这个数据区中。

STEP 7 中的背景具有如下特点。

（1）在调用 FB 时，除对背景 DB 进行赋值外，不需要保存和管理局部数据。

（2）按照背景的概念，FB 可以多次使用。例如，如果对几台相同类型的电动机进行控制，那么就可以使用一个 FB 的几个背景来实现；同时，各台电动机的状态数据也存储在该 FB 的静态变量中。

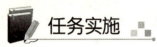

本节任务实施见表 4-18 和表 4-19。

表 4-18 结构化程序设计任务书

姓 名		任务名称		结构化程序设计
指导教师		同组人员		
计划用时		实施地点		
时 间		备 注		
任务内容				
1. 掌握临时变量的定义及使用 2. 掌握形参的定义 3. 熟悉功能块的编程				
考核内容	讲述临时变量的定义及使用			
	讲述形参的定义			
	讲述功能块的编程			
资 料		工 具		设 备
教材				

第 4 章　工业搅拌系统的 PLC 控制

表 4-19　结构化程序设计任务完成报告

姓　　名		任务名称	结构化程序设计
班　　级		同组人员	
完成日期		实施地点	

1. 讲述临时变量的定义及使用

2. 讲述形参的定义

3. 讲述功能块的编程

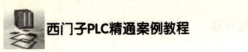

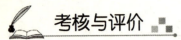

本章考核与评价见表 4-20～表 4-22。

表 4-20 学生自评表

项目名称		工业搅拌系统的 PLC 控制		
班　级		姓　名	学　号	组　别
评价项目	评价内容		评价结果（好/较好/一般/差）	
专业能力	熟悉系统任务需求			
	熟悉 STEP 7 编程方法			
	熟悉 STEP 7 功能块与功能的调用			
	掌握 STEP 7 数据块的应用			
	掌握 STEP 7 结构化程序的设计			
方法能力	会查阅教科书、使用说明书及手册			
	能够对自己的学习情况进行总结			
	能够如实对自己的情况进行评价			
社会能力	能够积极参与小组讨论			
	能够接受小组的分工并积极完成任务			
	能够主动对他人提供帮助			
	能够正确认识自己的错误并改正			
自我评价及反思				

第 4 章　工业搅拌系统的 PLC 控制

表 4-21　学生互评表

项目名称		工业搅拌系统的 PLC 控制	
被评价人	班　级	姓　名	学　号
评 价 人			
评价项目	评价内容	评价结果（好/较好/一般/差）	
团队合作	A. 合作融洽		
	B. 主动合作		
	C. 可以合作		
	D. 不能合作		
学习方法	A. 学习方法良好，值得借鉴		
	B. 学习方法有效		
	C. 学习方法基本有效		
	D. 学习方法存在问题		
专业能力（勾选）	熟悉系统任务需求		
	熟悉 STEP 7 编程方法		
	熟悉 STEP 7 功能块与功能的调用		
	掌握 STEP 7 数据块的应用		
	掌握 STEP 7 结构化程序的设计		
	会查阅教科书、使用说明书及手册		
综合评价			

表 4-22　教师评价表

项目名称		工业搅拌系统的 PLC 控制	
被评价人	班　级　　　　　　　姓　名		学　号
评价项目	评价内容	评价结果（好/较好/一般/差）	
专业 认知能力	熟悉系统任务需求		
	熟悉 STEP 7 编程方法		
	熟悉 STEP 7 功能块与功能的调用		
	掌握 STEP 7 数据块的应用		
	掌握 STEP 7 结构化程序的设计		
专业实践能力	能够正确区分不同的 STEP 7 编程语言		
	能够正确使用用户程序中的块		
	能够正确声明功能块的局部变量		
	能够正确建立数据块		
	能够正确区分逻辑块与功能块的编程		
	会查阅教科书、使用说明书及手册		
	能够认真填写报告记录		
社会能力	能够积极参与小组讨论		
	能够接受小组的分工并完成任务		
	能够主动对他人提供帮助		
	能够正确认识自己的错误并改正		
	善于表达与交流		
综合评价			

第 5 章

钢铁生产脱硫喷吹系统的 PLC 网络控制

知识目标

（1）了解 PROFIBUS 的主要构成；
（2）了解 PROFIBUS 协议及通信方式；
（3）了解 PROFIBUS 的数据传输与总线拓扑；
（4）熟悉 PROFIBUS-DP 的特点及系统配置；
（5）掌握 S7-300 PLC 与 MM 变频器之间的 DP 通信；
（6）掌握 S7-300 PLC 的以太网通信。

技能目标

（1）能够正确建立 DP 主从通信；
（2）能够正确使用设置 S7-300 PLC 与 MM 变频器之间的 DP 通信；
（3）能够正确设置 S7-300 PLC 之间的以太网通信。

素质目标

（1）增强学生的动手能力，培养学生的团队合作精神；
（2）在技能实践中，促进学生职业素养的养成。

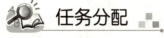

5.1 系统概述；
5.2 PROFIBUS 现场总线。

5.1 系统概述

知识准备

1. 系统主要设备

某钢铁公司铁水预处理脱硫工艺主要包括粉料储存系统、供气系统、喷吹系统和除尘系统。其中粉料储存系统主要是将脱硫剂粉料从料仓送出并经旋转给料器进入分配罐，供气系统主要对作为工作气源和载体气源的氮气进行预处理，除尘系统对铁水喷吹过程中产生的烟尘进行处理排放，整个工艺的关键是喷吹系统。铁水预处理脱硫喷吹系统工艺图如图 5-1 所示。

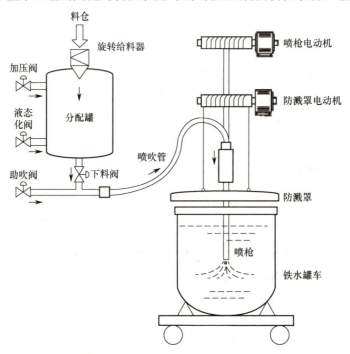

图 5-1　铁水预处理脱硫喷吹系统工艺图

该系统主要由分配罐、喷枪和防溅罩三部分组成。分配罐的功能是向喷枪管道提供具有一定压力的粉气混合流体，即铁水脱硫剂粉料和氮气；喷枪的功能是按工艺要求将粉气混合流体喷送到不同深度要求的铁水中，使脱硫剂在上浮过程中与铁水充分接触，脱去铁水中的硫；防溅罩的功能是降低在喷吹过程中产生的铁水飞溅到铁水罐车外的可能性。

第5章 钢铁生产脱硫喷吹系统的PLC网络控制

2. 电气控制要求

系统的电气控制要求及动作顺序如下,各动作之间具有严格的连锁关系及转换条件。

（1）铁水罐车到达脱硫位。

（2）分配罐自动加料结束、加压结束。

（3）防溅罩下降到下极限位。

（4）喷枪下降到中极限位,暂停5s后打开下料阀、流态化阀和助吹阀开始喷吹,然后喷枪依次下降到下限1、2、3位,并在各点依次喷吹3min,然后上升到下限2位等待。

（5）当收到"喷吹结束信号"时,喷枪上升到中极限位暂停,关闭下料阀和液态化阀,5s后关闭助吹阀,最后喷枪上升到上极限位停止。

（6）防溅罩上升到上极限位后通知现场操作人员开出铁水罐车。

另外,为了保证喷吹效果及安全,系统将实时检测分配罐及喷吹管的压力,当分配罐压力低于0.50MPa时,加压阀将自动打开加压,直至压力高于0.58MPa后关闭。在喷吹过程中,当喷吹管压力小于0.45MPa或分配罐压力小于0.40MPa时,系统将延时5s自动提枪(也可手动)并紧急停止、报警。

5.1.1 系统的网络结构及配置

1. 系统的网络结构

该厂以前的铁水炉外脱硫系统共有两套,各由一台低档的PLC来完成简单的电气动作控制,传动电动机也只是进行简单的正、反转运行,自动化程度较低。针对新的工艺及控制要求,新系统采用了先进的西门子公司PROFIBUS-DP现场总线网络结构。如图5-2所示,S7-300 PLC作为DP主站,通过其远程分布式I/O从站ET200M对现场所有DI/DO、AI/AO设备进行连接与控制。同时,主站通过DP总线与MM440变频器进行通信,实现了对传动电动机的远程控制。

另外,通过PROFIBUS-DP,两套系统的实时运行状况、各I/O设备及变频器的实时参数都可送至主站PLC,再由上位机PC的人机界面HMI（WinCC V7.0编写）实现对两套系统全面、直观的监控。主站PLC还可通过通信处理器CP341-1与其他系统的主站PLC进行工业以太网级的通信,从而实现全厂自动化网络的互连与互通。

在STEP 7编程软件中,对控制系统进行网络组态,组态窗口如图5-3所示。

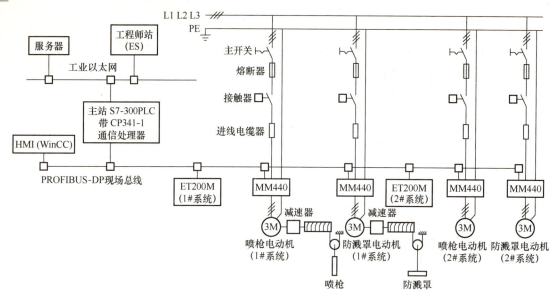

图 5-2 控制系统网络结构示意图

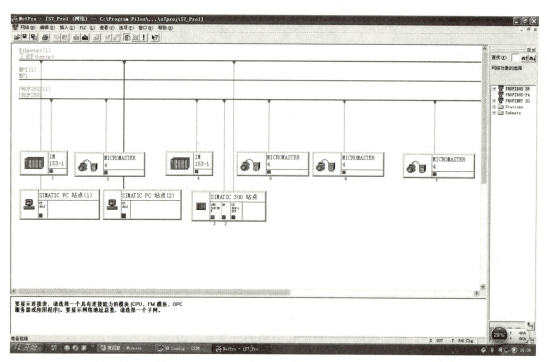

图 5-3 组态窗口

第 5 章 钢铁生产脱硫喷吹系统的 PLC 网络控制

2. 系统的具体配置

（1）主站 PLC：由于系统的控制规模不大，故选用 S7-300 PLC（CPU315-2DP）。

（2）分布式 I/O：选用模块化的 ET200M 作为 DP 从站，带 IM153-1DP 接口模块。

（3）总线传输介质：光纤、RS-485 总线连接器。

（4）变频器：选用西门子公司 MICROMASTER 440（MM440）变频器，带 PROFIBUS 模板和制动电阻。

由于系统的传动对象都为典型的位能负载，所以传动装置必须具有很大的启动转矩、平滑的启动/停止曲线以及良好的制动、定位性能。MM440 变频器适用于各种变速驱动装置，也适用于吊车和起重系统。选择 MM440 对电动机进行一对一的控制，并通过其 PROFIBUS 模板实现与主站 PLC 的 DP 通信，这是一个很好的传动改造方案。

通过对负载转矩及电动机容量的计算，选择了带有电子制动器的三相鼠笼异步电动机，包括喷枪电动机（15 kW/6 极）两台和防溅罩电动机（11kW/4 极）两台。加以一定的裕量，选择了三相 AC 380～400V 18.5kW 和 15kW 的 MM440 变频器各两台。

（5）主要 I/O 设备：电磁阀、压力变送器、限位开关、按钮、指示灯及控制柜显示表盘等。

5.1.2 PLC 程序设计

系统的 PLC 程序设计主要用 STEP 7 V5.4 软件来完成，PLC 程序设计采用"结构化"的编程方式，即按照系统任务和设备划分为若干个功能块（FB），按照控制要求相互配合并被主循环程序（OB1）调用。这些 FB 中的程序是用"形参"来编写的，由于没有针对具体的 I/O 地址，因此可作为通用程序块。在具体使用时，两套喷吹系统都可以调用这些 FB，并且只需要将各自的实际 I/O 地址（实参）代替相应 FB 中的"形参"即可，这样就大大减轻了程序编写的工作量。

这些 FB 具体包括自动程序、控制台和机旁两处的手动与检修程序、PLC 与变频器通信程序、显示报警程序、主要执行设备定期检修提示程序及系统初始化与复位程序。

当然，程序设计中最为关键的是自动程序，它是一个典型的顺序控制。按照系统的工艺及控制要求，自动程序的各步序之间都有严格的转换条件和连锁关系，以确保系统工艺的顺利完成。

自动程序的流程图如图 5-4 所示。

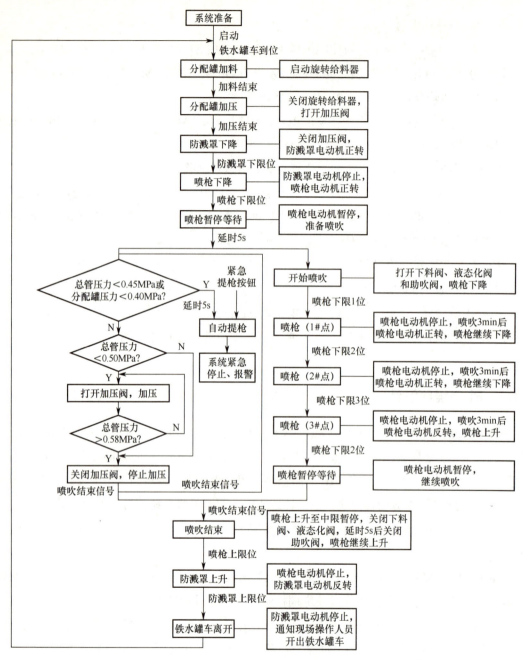

图 5-4 自动程序的流程图

第 5 章　钢铁生产脱硫喷吹系统的 PLC 网络控制

5.1.3　变频器参数设置及系统分析

1. 运行特点

根据异步电动机的机械特性，当位能负载提升时，电动机处于正向电动状态，工作于第一象限。当负载下降时，在很大的负载转矩作用下，电动机将从反向电动状态最终过渡到再生发电制动状态，工作于第四象限。由于 MM440 变频器内置了制动单元，只需要选择适当的制动电阻就可防止电动机因再生发电制动而产生过电压，并将其产生的能量通过制动电阻释放，达到良好的电气制动效果。为保证负载启动、停止安全，选择了带有电子制动器的三相鼠笼电动机，由变频器的一个继电器输出控制电动机的制动器，并在电动机启动前的最小频率（3Hz）时延时 0.5s 释放抱闸，在电动机停止前的最小频率（3Hz）时投入抱闸并延时 1s，从而达到了良好的机械制动效果，保证了提升机构的安全。

另外，MM440 还设置了 S 形加速曲线，使电动机的启/停过程更加平滑、稳定，从而大大减少了对负载的机械冲击，提高了定位的准确性。

2. 变频器参数设置

具体设置变频器参数时，首先要根据电动机的铭牌，对变频器进行快速参数化，然后根据具体的控制特点，再进行更详细的参数设置，本系统中变频器的主要参数见表 5-1。

表 5-1　变频器的主要参数

参　数	设 置 值	定　　义
P0731	25.C	电动机抱闸投入
P1215	1	电动机抱闸制动使能
P1080	3	电动机运行最小频率（Hz），在此频率时电动机抱闸制动器释放
P1082	50	电动机运行最高频率（Hz）
P1216	0.5	电动机在启动前的最小频率时，抱闸制动释放的延迟时间
P1217	1	电动机在停止前的最小频率时，保持抱闸时间
P1120	3	斜坡上升时间（s）
P1121	3	斜坡下降时间（s）
P1130	0.5	斜坡上升曲线起始段圆弧时间（s）
P1131	0.5	斜坡上升曲线结束段圆弧时间（s）
P1132	0.5	斜坡下降曲线起始段圆弧时间（s）
P1133	0.5	斜坡下降曲线结束段圆弧时间（s）
P1300	21	变频器控制方式为带速度反馈的矢量控制

3. MM440 变频器通信参数设置

1）变频器与主站 S7-300 PLC 的通信

变频器与主站 S7-300 PLC 的通信是通过在 SIMOVERT MASTERDRIVERS 上安装通信板来实现的，通信板安装完毕后就可以启动并进行配置了，首先要确定站地址，这是通过变频器参数设置完成的，通信板的基本配置流程如图 5-5 所示。

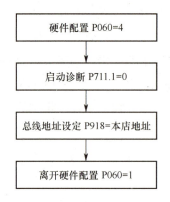

图 5-5　通信板的基本配置流程

通信板有 3 个指示灯显示通信状态，分别是：红色为运行灯；黄色为与变频器进行数据交换的灯；绿色为 PROFIBUS-DP 进行数据传输的灯。只有当这 3 个指示灯同时闪烁时，系统通信才正常。

2）变频器通信控制参数的设置

变频器在 PROFIBUS 总线中具体的数据格式如下。

（1）控制字（16 位），见表 5-2。

（2）状态字（16 位），见表 5-3。

根据上述方法建立起 PROFIBUS 现场总线的 DP 主站和变频器从站后，变频器即可驱动交流调速负载。变频器通信参数设置的基本过程如下：变频器送电后，首先将参数恢复为工厂设置，然后进行通信板的配置，选择 P060＝4 进行系统设置，最后进行控制字和状态字的连接设置，将矢量控制开关量和矢量控制连接量与 PLC 中定义的参数值和控制字连接。本系统的变频器主要通信参数见表 5-4。

第 5 章 钢铁生产脱硫喷吹系统的 PLC 网络控制

表 5-2 控制字（16 位）

位	功 能	位	功 能
位 00	ON（斜坡上升）/OFF（斜坡下降）	位 08	正向点动
位 01	OFF2：按惯性自由停止	位 09	反向点动
位 02	OFF3：快速停止	位 10	由 PLC 进行控制
位 03	脉冲使能	位 11	设定值反向
位 04	斜坡函数发生器（RFG）使能	位 12	未使用
位 05	RFG 开始	位 13	用电动电位计（MOP）升速
位 06	设定值使能	位 14	用（MOP）降速
位 07	故障确认	位 15	本机/远程控制

表 5-3 状态字（16 位）

位	功 能	位	功 能
位 00	变频器准备	位 08	设定值/实际值偏差过大
位 01	变频器运行准备就绪	位 09	过程数据控制
位 02	变频器正在运行	位 10	已达到最大频率
位 03	变频器故障	位 11	电动机电流极限报警
位 04	OFF2 命令激活	位 12	电动机抱闸制动投入
位 05	OFF3 命令激活	位 13	电动机过载
位 06	禁止 ON（接通）命令	位 14	电动机正向运行
位 07	变频器报警	位 15	变频器过载

表 5-4 变频器主要通信参数

参 数	位 号	意 义	设 计 值	备 注
P554	CW-Bit0	OFF1	B3100	控制字 CW
P555.1	CW-Bit1	OFF2	1	控制字 CW
P558.1	CW-Bit2	OFF3	1	控制字 CW
P561.1	CW-Bit3	Enable	B3103	控制字 CW
P562.1	CW-Bit4	Ramp enable	1	控制字 CW
	CW-Bit10	Control requested	1	PZD 直接发送
P443		给定	K3002	PZD 输出第 2 个字
B0104	Bit2	Run	PLC 运行指示	状态字 SW

续表

参　数	位　号	意　义	设　计　值	备　注
B0106	Bit3	Fault	PLC 故障指示	状态字 SW
P651.1		接触器合闸	B3101	开关量输出
		变频器复位	9C7E	PLC 发送

　　(3)在 STEP 7 软件中进行硬件组态。选择 MM440 的 PPO 类型（如都为 PPO1：4 PKW/2 PZD），设置各变频器的总线站地址（4、5、7、8）。建立数据块 DB1～DB4 分别与各 MM440 的 PKW、PZD 对应，用以存储各自的通信数据。最后调用 DP 读/写专用系统功能块 SFC14/SFC15 来完成 PLC 与各 MM440 之间"控制字/状态字、主给定/主实际值"的通信。

　　当然，还可通过西门子公司传动控制软件 DriveMonitor 在上位机 PC 上进行变频器的参数设置与监控。S7-300 PLC、变频器及 PROFIBUS 现场总线技术在铁水预处理脱硫喷吹控制系统中的应用，大大提高了系统的自动化装备水平，使系统生产的连续性、准确性、可靠性大幅度提高，使系统的传动性能有了较大的改善，并有效地减小了电动机启动电流对电网的冲击，同时还实现了对生产过程和现场设备的 HMI 远程监控，构建了较为完善的自动化网络结构。通过对旧的自动化系统的改造，配合炉内脱硫的先进工艺，使铁水预处理脱硫的产量和质量都上了一个新台阶，取得了良好的经济效益和社会效益。

第 5 章　钢铁生产脱硫喷吹系统的 PLC 网络控制

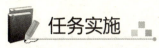

本节任务实施见表 5-5 和表 5-6。

表 5-5　系统概述任务书

姓　　名		任务名称	系统概述
指导教师		同组人员	
计划用时		实施地点	
时　　间		备　　注	
任务内容			
1. 分析钢铁生产脱硫喷吹系统工作过程 2. 熟悉系统主要设备 3. 分析电气控制要求 4. 熟悉系统的网络结构 5. 熟悉系统的具体配置 6. 熟悉变频器参数设置及系统分析			
考核内容	分析钢铁生产脱硫喷吹系统工作过程		
	讲述系统的网络结构及具体配置		
	讲述变频器参数设置及系统分析		
资　　料		工　　具	设　　备
教材			

167

表 5-6 系统概述任务完成报告

姓　　名		任务名称	系统概述
班　　级		同组人员	
完成日期		实施地点	

1. 分析钢铁生产脱硫喷吹系统工作过程

2. 简述系统的网络结构及具体配置

3. 讲述变频器参数设置及系统分析

第 5 章 钢铁生产脱硫喷吹系统的 PLC 网络控制

5.2 PROFIBUS 现场总线

 知识准备

5.2.1 PROFIBUS 的主要构成

PROFIBUS 是一种功能强大的现场级网络,是一种适用于中等规模的标志性网络解决方案,以其通信速度高、协议开放等特点在行业中得到了广泛的认可和应用。

PROFIBUS 是 Process Fieldbus 的缩写,是一种国际化、开放式的现场总线标准。目前世界上许多自动化技术生产厂家都为它们生产的设备提供 PROFIBUS 接口。PROFIBUS 已经广泛应用于加工制造、过程和楼宇自动化,是一种成熟的总线技术,其应用范围如图 5-6 所示。

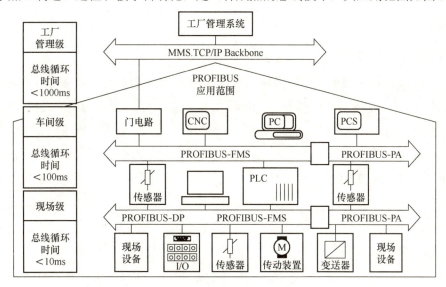

图 5-6 PROFIBUS 的应用范围

PROFIBUS 为多主从结构,可方便地构成集中式、集散式和分布式控制系统。针对不同的控制场合,它分为 3 个系列。

1. PROFIBUS-DP

PROFIBUS-DP 用于传感器和执行器级的高速数据传输,以 DIN 19245 的第 1 部分为基础，根据其所需要达到的目标对通信功能加以扩充。DP（Decentralized Periphery）的传输速率可达 12Mbps，一般构成单主站系统，主站、从站间采用循环数据传送方式工作。这种设计主要用于设备级的高速数据传送，在这一级中，中央控制器（如 PLC/PC）通过高速串行线与分散的现场设备（如 I/O、驱动器等）进行通信，与这些分散的设备进行数据交换多数是周期性的。

2. PROFIBUS-PA

对于安全性要求较高的场合，可选用 PROFIBUS-PA，这由 DIN 19245 的第 4 部分描述。PA 具有本质安全特性，实现了 IEC 1158-2 规定的通信规则。PROFIBUS-PA 是 PROFIBUS 的过程自动化解决方案。PA 将自动化系统和过程控制系统与现场设备如压力、温度和液位变送器等连接起来，代替了 4~20mA 模拟信号传输技术，节约了设备成本，并且大大提高了系统功能和安全可靠性。因此，PROFIBUS-PA 适用于化工、石油、冶金等行业的过程自动化控制系统。

3. PROFIBUS-FMS

PROFIBUS-FMS 主要解决车间级通用性通信任务，完成中等传输速度进行的循环和非循环的通信任务。由于它完成控制器与智能现场设备之间的通信，以及控制器之间的信息交换，所以考虑的主要问题是系统的功能，而不是系统的响应时间，应用过程通常要求的是随机的信息交换（如改变设定参数等）。FMS 给用户提供了广泛的应用范围和更大的灵活性，可用于大范围和复杂的通信系统。

5.2.2 PROFIBUS 协议及通信方式

1. 协议结构

PROFIBUS 协议的结构，根据 ISO 7498 标准，以开放系统互联网络 OSI 为参考模型，其结构如图 5-7 所示。

PROFIBUS-DP 使用第 1 层、第 2 层和用户接口，第 3 层到第 7 层未加以描述，这种流体式结构确保了数据传输的快速性和有效性，直接数据链路映像（Direct Data Link Mapper，DDLM）提供易于进入第 2 层的用户接口，用户接口规定了用户和系统及不同设备可以调用的应用功能，并详细说明了各种不同 PROFIBUS-DP 设备的行为，还提供了传输用的 RS-485 传输技术或光纤。

第 5 章 钢铁生产脱硫喷吹系统的 PLC 网络控制

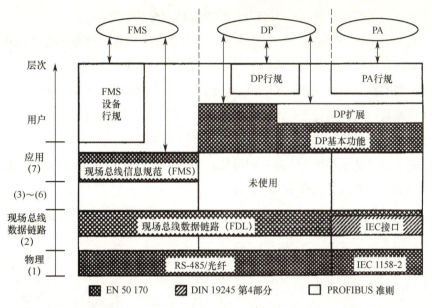

图 5-7 PROFIBUS 协议结构

PROFIBUS-FMS 对第 1、2 和 7 层均加以定义，应用层包括现场总线信息规范（Fieldbus Message Specification，FMS）和底层接口（Lower Layer Interface，LLI）。FMS 包括应用协议并向用户提供了可广泛选用的强有力的通信服务，LLI 协调了不同的通信关系，并向 FMS 提供访问的第 2 层。第 2 层现场总线数据链路（FDL）可完成总线访问控制和数据的可靠性，它还为 PROFIBUS-FMS 提供了 RS-485 传输技术或光纤。

PROFIBUS-PA 数据传输采用扩展的 PROFIBUS-DP 协议，另外还使用了描述现场设备行为的行规，根据 IEC 1158-2 标准，这种传输技术可确保其本质安全性，并使现场设备通过总线供电。使用分段式耦合器，PROFIBUS-PA 设备能很方便地集成到 PROFIBUS-DP 网络。

PROFIBUS-DP 和 PROFIBUS-FMS 系统使用了同样的传输技术和统一的总线访问协议，因此这两套系统可在同一根电缆上同时操作。

PROFIBUS 可使分散式数字化控制器从现场底层到车间级实现网络化，该系统分为主站和从站。主站决定总线的数据通信，当主站得到总线的控制权（令牌）时，没有外界请求也可以主动发送信息。主站从 PROFIBUS 协议的角度讲，也可称为主动站。

从站为外围设备，典型的从站包括 I/O 设备、阀门、驱动器和测量发送器。它们没有总线控制权，仅对收到的信息给予确认，或者当主站发出请求时向它发送信息。从站也称为被动站。由于从站只需总线协议的一小部分,所以实施起来特别经济。

PROFIBUS 的 DP、FMS 和 PA 均使用单一的总线存取协议,该协议通过 OSI 参考模型的第 2 层来实现,它包括数据的可靠性以及传输协议和信息的处理。在 PROFIBUS 中,第 2 层称为现场总线数据链路(Fieldbus Data Link,FDL)。介质存取控制(Medium Access Control,MAC)具体控制数据传输的程序,MAC 必须确保在任何一个时刻只能有一个站点发送数据。PROFIBUS 协议的设计旨在满足介质存取控制的两个基本要求。

(1)在复杂的自动化系统(主站)间通信,必须保证在限定的时间间隔中,任何一个站点要有足够的时间来完成通信任务。

(2)在复杂的程序控制器和简单的 I/O 设备(从站)间通信,应尽可能快速又简单地完成数据的实时传输。

因此,PROFIBUS 总线存取协议(见图 5-8)包括主站与主站之间的令牌传递方式和主站与从站之间的主从方式。

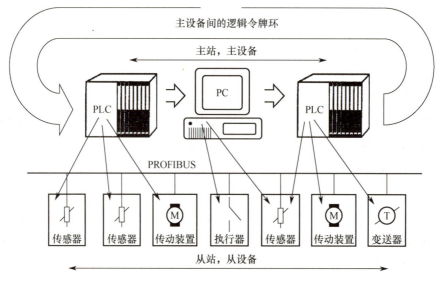

图 5-8 PROFIBUS 总线存取协议

令牌传递程序保证了每个主站在一个确切规定的时间内得到总线存取权(令牌),令牌是一条特殊的电文,它在所有主站中循环一周的最长时间是事先规定的,在 PROFIBUS 中,令牌只在各主站之间通信时使用。

第 5 章 钢铁生产脱硫喷吹系统的 PLC 网络控制

主从方式允许主站在得到总线存取令牌时可与从站通信,每个主站均可向从站发送或索取信息,通过这种存取方法,可以实现下列系统配置:纯主-从系统(单主站);纯主-主系统(带令牌传递);混合系统(多主-多从)。

图 5-8 中的 3 个主站构成逻辑令牌环,当某主站得到令牌电文后,该主站可在一定的时间内执行主站的工作,在这段时间内,它可依照主-从关系表与所有从站通信,也可依照主-主关系表与所有主站通信。

令牌环是所有主站的组织链,按照主站的地址构成逻辑环,在这个环中,令牌在规定的时间内按照地址的升序在各主站中依次传递。

在总线系统初建时,主站介质存取控制 MAC 的任务是制定总线上的站点分配并建立逻辑环,在总线运行期间,断电或损坏的主站必须从环中删除,新上电的主站必须加入逻辑环。另外,总线存取控制保证令牌按地址升序,依次在各主站间传送,各主站的令牌具体保持时间长短取决于该令牌配置的循环时间。此外,PROFIBUS 介质存取控制的特点是监测传输介质及收发器是否损坏,检查站点地址是否出错(如地址重复),以及令牌错误(如多个令牌或令牌丢失)。

PROFIBUS 协议结构第 2 层的另一个重要作用是保证数据的可靠性。第 2 层的结构格式保证数据的高度完整,这时所有信息的海明距离 $HD=4$,以及使用特殊的起始和结束定界符、无间距的字节同步传输和每字节的奇偶校验来保证。

第 2 层按照非连接的模式操作,除提供点对点逻辑数据传输外,还提供多点通信(广播及有选择广播)功能。

2. 通信方式

PROFIBUS 的通信有多种方式,如 FMS、FDL、DP 及与 PA 的通信等。这里的通信方式与物理连接方式无关,即无论采用上述何种物理连接方式,逻辑通信上都可以使用 FMS、FDL 或 DP 的通信方式。

1) FMS——现场总线信息规范

PROFIBUS-FMS 提供了结构化的数据(FMS 变量)传输服务。通过建立 FMS 连接,可以读、写和广播发布 FMS 变量。FMS 主要用于连接 S5 系列和非西门子公司的支持 FMS 协议的控制器。PROFIBUS-FMS 网络如图 5-9 所示。

FMS 通信主要通过 CP343-5、CP443-5 Basic 模块来实现,实现 FMS 的 CP 模块见表 5-7。

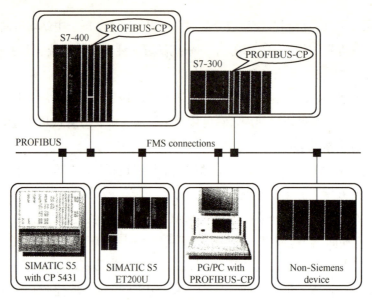

图 5-9 PROFIBUS-FMS 网络

表 5-7 实现 FMS 的 CP 模块

PLC/PG/PC	CP 模块	FMS 连接数（个）	通信字节数（B）
S7-300	CP343-5	Max.16	241（PDU）
S7-400	CP443-5 Basic	Max.48	241（PDU）
PG/PC	CP5613	Max.40	≤480（PDU）

2）FDL——现场总线数据链路

FDL 的 SIMATIC S7 服务协议支持 SDA（Send Data with Acknowledgment）和 SDN（Send Data with No acknowledgment），FDL 属于 ISO 参考模型的第 2 层，即现场总线数据链路层的协议。故可以和支持第 2 层协议的设备通信，也可以实现 DP 主站间的通信，PROFIBUS-FDL 网络如图 5-10 所示。

FDL 通信主要通过 CP343-5、CP443-5 Basic 模块来实现，实现 FDL 的 CP 模块见表 5-8。

3）DP——分布式主从通信

DP 通信可以通过连接集成在 CPU 上的 DP 接口、CP342-5 或 CP443-5 Extend 模块来完成。非西门子公司设备，只要支持标准 DP 协议，能够提供 GSD 文件，也可通过 DP 协议进行通信。

根据通信设备的不同，可以将 DP 通信分为以下几种情况：集成 DP 接口之间做主从通信；集成 DP 接口与 CP 分别做主站、从站的通信；CP 之间做主从通信。

第 5 章 钢铁生产脱硫喷吹系统的 PLC 网络控制

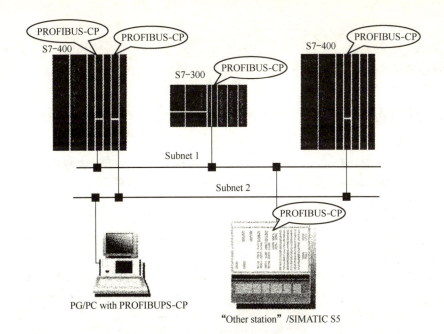

图 5-10 PROFIBUS-FDL 网络

表 5-8 实现 FDL 的 CP 模块

PLC/PG/PC	CP 模块	FDL 连接数（个）	通信字节数（B）
S7-300	CP343-5	Max.16	240
S7-400	CP443-5 Basic	Max.32	240
PG/PC	CP5613	Max.120	≤480（PDU）

硬件组态完成后，接下来编写程序。对于集成 DP 接口的通信而言，需要调用 SFC14 "DPRD_DAT" 来读取数据，调用 SFC15 "DPWR_DAT" 发送数据。

```
    CALL SFC14 "DPRD_DAT"
    CALL "DPRD_DAT"
    LADDR：=W#16#0    (Configured start address from the I area 输入区起始
地址)
    RET_VAL：=MW2    (Error code 错误代码)
    RECORD：=P# I0.0 BYTE 10    (Destination area for the user data that were
read 输入数据区，最大 240 字节)
    CALL SFC15 "DPWR_DAT"
    CALL "DPWR_DAT"
    LADDR：=W#16#0    (Configured start address from the Q area 输出区起始
```

175

地址）
```
            RECORD: =P# Q0.0 BYTE 10  （Destination area for the user data that were
read 输出数据区，最大240字节）
            RET_VAL: =MW4            （Error code 错误代码）
```

对于CP342-5而言，必须调用FC1"DP_SEND"发送数据，调用FC2"DP_RECV"接收数据。

```
CALL"DP_SEND"
CPLADDR: =W#16#100         （Module start address  CP模块的起始地址，十六进制数表示）
SEND: =P#M10.0 BYTE 10     （Send data area 发送数据存储区）
DONE: =M1.0                （Job done 任务完成）
ERROR: =M1.1               （Error code 错误代码）
STATUS: =MW2               （Status code 状态代码）
CALL"DP_RECV"
CPLADDR: =W#16#100         （Module start address  CP模块的起始地址，十六进制数表示）
    RECV: =P#M50.0 BYTE 10 （Receive data area 接收数据存储区）
    NDR: =M1.2             （New data 接收到新数据）
    ERROR: =M1.3           （Error code 错误代码）
    STATUS: =MW4           （Status code 状态代码）
    DPSTATUS: =MB6         （DP status code DP状态代码）
```

将整个项目分别下载到主站和从站的CPU中，系统正常启动后，可以进行DP主从通信。

5.2.3 PROFIBUS的数据传输与总线拓扑

现场总线系统的应用在较大程度上取决于采用哪种传输技术，选择传输技术时，既要考虑传输的基本要求（如拓扑结构、传输速率、传输距离和传输的可靠性等），还要考虑简便和成本的因素。在过程自动化的应用中，数据和电源还必须在同一根电缆上传送，以满足本质安全的要求等。单一的传输技术不可能满足以上所有要求，因此PROFIBUS物理层协议提供了3种数据传输技术：DP/FMS的RS-485传输；DP/FMS的光纤传输和PA的IEC 1158-2传输。

（1）DP/FMS的RS-485传输。

RS-485是PROFIBUS常用的一种（通常称为H2）传输技术，采用屏蔽或非屏蔽的双绞铜线电缆，适用于需要高速传输和设施简单而造价便宜的各个领域。总线段的两端各有一个终端器（有源的终端电阻），不带转发器每段为32个站，带转发器每段最多可达127个站。传输速率为9.6kbps～12Mbps，所选用的传输速率适用于连接到总线（段）上的所有设备。段的最大长度与波特率有关。

（2）DP/FMS 的光纤传输。

在电磁干扰很大的环境下应用 PROFIBUS 系统时，可使用光纤导体增加总线长度及数据传输率，以满足远距离分布系统的需要。目前玻璃光纤能处理的连接距离可达 15km，而塑料光纤的连接距离可达 80m。许多厂商提供专用的总线插头可将 RS-485 信号转换成光纤信号或将光纤信号转换成 RS-485 信号，这样就为在同一系统上使用 RS-485 和光纤传输技术提供了一套开关控制十分方便的方法。

（3）PA 的 IEC 1158-2 传输。

PROFIBUS-PA 采用符合 IEC 1158-2 标准的传输技术。这种技术确保本质安全并通过总线直接给现场设备供电。数据采用位同步，曼彻斯特编码协议（通常称为 H1）。传输速率为 31.25kbps，传输介质是屏蔽/非屏蔽双绞线，总线段的两端用一个无源的 RC 线终端器来终止，在一个 PA 总线段上最多可连接 32 个站。最大的总线段长度在很大程度上取决于供电装置、导线类型和所连接站的电流消耗。

如果采用段耦合器，可适配 IEC 1158-2 和 RS-485 信号（主要是传输速率和信号电压的匹配），从而将采用 RS-485 传输技术的总线段和采用 IEC 1158-2 传输技术的总线段连接。因此，可在同一套系统中使用 RS-485 传输技术和光纤传输技术。这 3 种不同的传输技术可以通过一定的手段混合使用。

1. PROFIBUS-DP 拓扑结构

PROFIBUS 系统是一个两端有终端器的线性总线结构，也称 RS-485 总线段，在一个总线段上最多可连接 32 个 RS-485 站（主站或从站）。例如，图 5-11 所示为一个典型的 PROFIBUS-DP 单主站系统，它有一个主站（PLC/PC），从站为各种外围设备，如分布式 I/O、AC 或 DC 驱动器、电磁阀或气动阀，以及人机界面（HMI）。

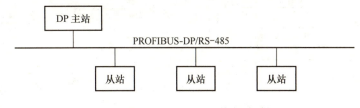

图 5-11 PROFIBUS-DP 单主站系统

当需要连接的站超过 32 个时，必须将 PROFIBUS 系统分成若干个总线段，使用中继器连接各个总线段。中继器也称线路放大器,用于放大传输信号的电平。按照 EN 50170 标准,在中继器传输信号中不能实现位相的时间再生(信号再生),这样就会导致位信号的失真和延迟,因此 EN 50170 标准限定串联的中继器不能超过 3 个。但实际上,某些中继器线路已经实现了信号再生。

中继器也是一个负载,因此在一个总线段内,中继器也计数为一个站,可运行的最大总线站数就减少一个。即如果一个总线段包括一个中继器,则在此总线段上可运行的总线站数为 31,但中继器并不占用逻辑的总线地址。如果 PROFIBUS 总线要覆盖更长的距离,中间可建立连接段,连接段内不连接任何站,如图 5-12 所示。

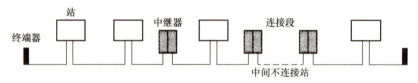

图 5-12 由中继器构成的总线系统

另外,中继器还可以用于实现树状和星状总线结构。此外也可以是浮地的结构,在这种结构中,总线段彼此隔离,必须使用一个中继器和一个不接地的 24V 电源。

2. PROFIBUS-PA 拓扑结构

PROFIBUS-PA 的网络拓扑结构可以有多种形式,可以实现树状、总线或其组合结构。图 5-13 所示为树状结构。树状结构是典型的现场安装技术,现场分配器负责连接现场设备与主干总线,所有连接在现场总线上的设备通过现场分配器进行并行切换。

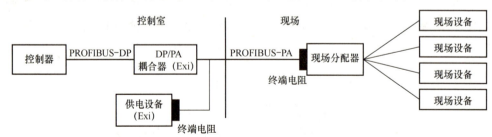

图 5-13 树状结构

图 5-14 所示为总线结构。总线结构提供了与供电电路安装类似的沿现场总线电缆的连接点,现场总线电缆可通过现场设备连接成回路,其分支线也可连接一个或多个现场设备。

第 5 章 钢铁生产脱硫喷吹系统的 PLC 网络控制

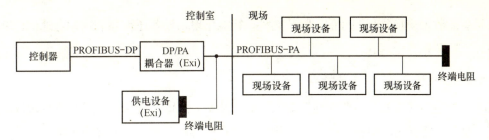

图 5-14 总线结构

树状与总线的组合结构如图 5-15 所示。

基于 IEC 1158-2 传输技术总线段与基于 RS-485 传输技术总线段可以通过 DP/PA 耦合器或连接器相连，耦合器使 RS-485 信号和 IEC 1158-2 信号相适配。电源设备经总线为现场设备供电，这种供电方式可以限制 IEC 1158-2 总线段上的电流和电压。

如果需要外接电源设备，则需设置适当的隔离装置，将总线供电设备与外接电源设备连接在本质安全总线上，如图 5-15 所示。

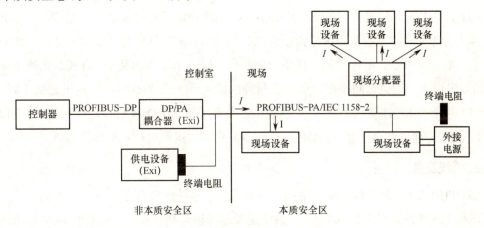

图 5-15 树状与总线的组合结构

为了增加系统的可靠性，可以设计冗余的总线段。利用总线中继器可以扩展总线站数，总线站数最多为 126 个，中继器最多为 4 台。

5.2.4 PROFIBUS-DP

如前所述，PROFIBUS-DP 主要用于现场级的高速数据传输。在这一级中，控制器如 PLC 通过高速串行线同分散的现场设备（如 I/O、传感器、驱动器等）交换数据。同这些分散的现场设备的数据交换是周期性的。除此之外，智能化现场设备还需要非周期性通信，以进行组态、诊断和报警处理。

1. PROFIBUS-DP 的主要特点

中央控制器（主站）周期性地读取从设备（从站）的输入信息，并周期性地向从站发送输出信息，总线循环时间必须比中央控制器的程序循环时间短，在很多应用场合，程序循环时间约为 10ms。除周期性用户数据传输外，PROFIBUS-DP 还提供强有力的组态和配置功能，数据通信是由主站和从站进行监控的。PROFIBUS-DP 的主要特点如下。

（1）传输技术可用 RS-485 双绞线、双线电缆或光缆。波特率为 9.6 kbps～12 Mbps。

（2）总线存取方式。各主站间为令牌传送，主站与从站间为主－从传送，它支持单主站或多主站系统，总线上主站和从站最多为 126 个。

（3）通信方式。用户数据传送采用点对点方式，控制指令可用广播方式。它同时支持循环主－从用户数据传送和非循环主－从用户数据传送。

（4）诊断功能。经过扩展的 PROFIBUS-DP 诊断功能可对故障进行快速定位，诊断信息在总体上传输并由主站收集，这些诊断信息分为三类：本站诊断操作，即本站设备的一般操作状态，如温度过高、电压过低；模块诊断操作，即一个站点的某个 I/O 模块出现故障，如 8 位的输出模块；通道诊断操作，即一个单独的输入/输出位的故障，如输出通道 7 短路。

（5）可靠性和保护机制。所有信息的传输在海明距离 HD=4 进行，DP 从站带看门狗定时器，其输入/输出有存取保护，DP 主站上带可变定时器的用户数据传送监视。

2. 系统配置

PROFIBUS-DP 允许构成单主站和多主站系统，系统配置有多种方式。在同一总线上最多可连接 126 个站点（主站或从站）。系统配置的描述包括站数、站地址和输入/输出地址的分配、输入/输出数据的格式、诊断信息的格式及所使用的总线参数。每个 PROFIBUS-DP 系统可包括以下 3 种类型的设备。

（1）1 类 DP 主站（DPM1）。它是指中央控制器，在预定的周期内与 DP 从站交换数据，典型的设备包括 PLC、PC、CNC。

（2）2 类 DP 主站（DPM2）。它是指能对系统编程、组态或进行诊断的设备，如编程器、诊断和管理设备。

（3）DP 从站。它是指能进行输入或输出、信息采集或发送的外围设备（传感器、执行器),典型的 DP 从站包括开关量 I/O 设备、模拟量 I/O 设备等。目前大多数 DP 从站只有 32 字节的输入和 32 字节的输出数据,允许的输入和输出数据最多不超过 246 字节。

PROFIBUS-DP 构成的系统分类如下。

(1)单主站系统。总线系统中只有一个主站,这种系统可获得最短的总线循环时间。

(2)多主站系统。在多主站系统中,总线上有几个活动的主站,它们或是与各自的从站构成相互独立的子系统,或是作为网上附加的组态或诊断设备,如图 5-16 所示。任何一个主站均可读取 DP 从站的输入和输出映像,但只有一个 DP 主站(在系统组态时指定的 DPM1)允许对 DP 从站写入数据,多主站系统的总线循环时间比单主站系统的要长一些。

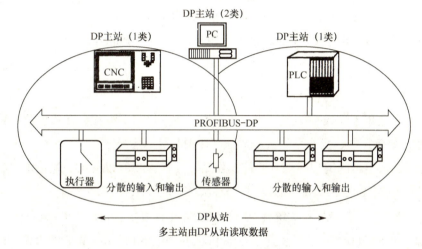

图 5-16 PROFIBUS-DP 多主站系统

3. PROFIBUS-DP 现场总线的设备

用西门子公司产品构成 PROFIBUS-DP 网络,可配置的设备如下。

1)1 类主站

选择 PLC 做 1 类主站,有两种方案。

(1)用 PLC 中 CPU 上集成的 PROFIBUS-DP 接口,如 S7-300 的 CPU315-2DP 等均有这种集成的内置 DP 接口,以它做主站可带 63 个从站,传输速率为 9.6 kbps~12 Mbps,不带连接器的传输距离为 100~1200m,用光纤的传输距离可达 23.8km。

(2)CPU 上无集成的 DP 接口可配置 PROFIBUS 通信处理器模板。如 CP342-5 通信处理器可将 S7-300 连接到 PROFIBUS-DP 上做主站(或从站),可带 125 个从站,传输速率为 9.6 kbps~

1.5 Mbps，CP443-5 用于 S7-400，IF964-DP 用于 M7，CP5431 FMS/DP 用于 S5 系列 PLC 等。

选择 PC 加网卡做 1 类主站：PC 加 PROFIBUS 网卡可作为主站，这类网卡具有 PROFIBUS-DP/PA/FMS 接口。使用时注意选择与网卡配合使用的软件包。软件功能决定 PC 是做 1 类主站，还是只做编程监控的 2 类主站。

网卡有 CP5411、CP5511、CP5611，这些网卡自身不带微处理器，可运行多种软件包，通过增加 9 针 D 形插头可成为 PROFIBUS-DP 或 MPI 接口。这些网卡运行软件包 SOFTNET-DP/Windows for profibus 具有 DP 功能，使 PG/PC 成为一个 DP 的 1 类主站，可连接 DP 分布式 I/O 设备；实现 S7 之间的通信及对 S7 编程；支持 SEND/RECEIVE 功能；支持 MPI 接口。

CP5412 通信处理器用于 PG 或 AT 兼容机，具有 DOS、Windows、UNIX 操作系统下的驱动软件包，支持 FMS、DP、FDL（发送/接收服务）、S7 Function、PG Function，具有 C 语言接口（C 库或 DLL）。

2）2 类主站

2 类主站主要用于完成系统各站的系统配置、参数设定、编程、在线检测、数据采集与存储等功能，如监控站、操作站、人机界面（HMI）等。

（1）以 PC 为主机的编程终端及监控操作站。具有 AT 总线的 PC、笔记本电脑、工业控制计算机均可配置成 PROFIBUS 的编程、监控、操作工作站，即 2 类主站。

西门子公司为其自动化系统专门设计有编程设备，如使用 CP5411/5412 网卡的 PG720/730/740/750/760/770 编程装置，其中 PG720/740/760 是带有集成的内置 DP 接口的编程装置，可作为 2 类主站。

使用 PG760 及 PC，配置 WinCC 等软件包，常作为监控操作站使用。

（2）操作员面板。操作员面板用于操作员控制，如设定和修改参数、设备启停，并且可在线监视设备运行状态，如流程图、趋势图、参数显示、故障报警、诊断信息等。西门子公司生产的操作员面板有文本型 OP3、OP7，图形 OP27、OP37 等。

3）从站

带 PROFIBUS 接口的分布式 I/O、传感器、驱动器以及 PLC 均可作为从站，作为从站选择时必须满足现场设备对控制的需要，同时也要考虑与 PROFIBUS 的接口问题。如从站不具有 PROFIBUS 接口，可考虑通过分布式 I/O 设备解决，常常用到的从站如下。

（1）PLC 做从站——智能型 I/O 从站。PLC 自身存储了程序，CPU 可以执行程序并按

第5章 钢铁生产脱硫喷吹系统的 PLC 网络控制

程序驱动其 I/O，但作为 PROFIBUS 主站的一个从站，在 PLC 存储器中有一段特定区域作为与主站通信的共享数据区，主站可通过通信间接控制从站 PLC 的 I/O。

在 S7 系列 PLC 中，S7-200 的 CPU215-2DP 有集成的 DP 接口，CPU222/224/226 通过模块 EM277 可连入现场总线 DP 中。S7-300/400 的某些 CPU 上有与 DP 相连的内置接口，可设置为主站或从站。S7-300/400 均可通过通信处理器 CP342-5/CP443-5 连接到 DP 总线上。

S5-95U/DP 有集成的内置 DP 接口，使用 IM308-C 或 CP5431 的 S5-115、S5-135、S5-155U/H 的 S5 系列 PLC 也可接入 DP 总线。

(2) 分布式 I/O 设备做从站。分布式 I/O 设备有如下多种类型。

① ET200M。它是一种模板式结构的远程 I/O 站，由 IM153 DP 接口模板、电源和各种 S7-300 所用 I/O 模板组成，最多可扩展 8 个 I/O 模板，最多可提供 128 字节输入和 128 字节输出地址，最大数据传输速率为 12 Mbps，适用于复杂的自动化任务，防护等级为 IP20。

② ET200B。它是一种小型扁平固定式的 I/O 站。由端子板和电子板组成，端子板上安装电子板，接线连接到端板，这样当更换电子板时不必断开电缆。端子板包括电源、总线接口及接线端子。电子板由各种类型（开关量、模拟量）的 I/O 部分组成。ET200B 具有集成的 PROFIBUS-DP 接口，最大数据传输速率为 12Mbps，防护等级为 IP20，主要用于 I/O 数量不多、安装深度浅的场合。

③ ET200L/ET200L-SC/ET200L-SC IMSC。

ET200L 是一种小型固定式 I/O 站，由端子板和电子板组成，有集成的 PROFIBUS-DP 接口，可选择多种开关量 I/O 模板，不可扩展，ET200L 系列最大数据传输速率为 1.5Mbps，防护等级为 IP20，主要用于要求较小 I/O 点数或只有小安装空间的场合。

ET200L-SC 是可扩展的 ET200L，可扩展一个 TB16SC 端子板，这样可提供 16 个数字量和模拟量 I/O 模板通道，能独立地对 I/O 信号进行混合组态，从而精确地组合出实现某个任务所需要的 I/O 通道数，具有更大的灵活性，从而节省成本。

ET200L-SC IMSC 是一种新型智能接口模块，PROFIBUS-DP 直接连接到 IMSC，它的端子板 TB16 IMSC 和各种 SC 电子子模板可通过 SIMATIC 智能连接器在第一个端子板后接入第二个端子板进行扩展。它能应用高速模拟量电子子模板和 40kHz 计数器的电子子模板。

④ ET200X 是一种坚固型结构的分布式 I/O 站，设计保护等级为 IP65/IP67，可用于恶劣环境，是模块化结构。它由 1 个基本模块和最多 7 个扩展模块组成。基本模块通过 PROFIBUS-DP 连接到上位主机，扩展模块有数字量和模拟量 I/O、AS-I 接口通信处理器、

负载馈电器（最大功率为 5.5kW）、气动模块等，PROFIBUS-DP 接口数据传输速率可达 12Mbps，可用于对时间要求高的高速机械场合。

⑤ ET200S 是一种分立、分布式 I/O 站，保护等级为 IP20，分立结构能恰当配置其系统，当需要时，可在接口模块后插入所需 I/O 模块。它由 PROFIBUS-DP 接口模块 IM151、数字量和模拟量 I/O 模块、智能模块（如用于计数和位置探测等）、负载馈电器、电源模块、端子板组成。一个 ET200S 站最多可由 64 个模块组成，输入和输出最大均为 128 字节，I/O 模块能以任何方式组合，最大数据传输速率为 12Mbps。

此外，还有可用于防爆区的 ET200IS，具有高防护等级 IP66/67 的 ET200C，具有 IM318（PROFIBUS-DP 接口）、IM318-C（具有 PROFIBUS-DP/FMS 接口）及使用 S5-100U 各种 I/O 模块的 ET200U 等。

（3）具有 PROFIBUS-DP 接口的其他现场设备。

CNC 数控装置，如 SINUMERIK840D/840C。

SIMODRIVER 传感器，如具有 PROFIBUS 接口的绝对值编码器。

数字直流驱动器，如 6RA24/CB24。

5.2.5 如何建立 DP 主从通信

CPU31x-2DP 是指集成有 PROFIBUS-DP 接口的 S7-300CPU，如 CPU313C-2DP、CPU315-2DP 等。下面以两个 CPU315-2DP 之间主从通信为例介绍连接智能从站的组态方法。该方法同样适用于 CPU31x-2DP 与 CPU41x-2DP 之间的 PROFIBUS-DP 通信连接。

1. PROFIBUS-DP 组态

系统由一个 DP 主站和一个智能 DP 从站构成。其中 DP 主站由 CPU315-2DP（6ES7 315-2AGl0-0AB0）和 SM374 仿真模块构成。DP 从站由 CPU315-2DP（6ES7 315-2AGl0-0AB0）和 SM374 仿真模块构成。在对两个 CPU 主从通信组态配置时，原则上要先组态从站。

1）新建 S7 项目

打开 SIMATIC 管理器，执行菜单命令"File"→"New"，创建一个新项目，并命名为"集成 DP 通信"。然后执行菜单命令"Insert"→"Station"→"SIMATIC 300 Station"，插入两个 S7-300 站，分别命名为"S7_300_Master"和"S7_300_Slave"，如图 5-17 所示。

第 5 章 钢铁生产脱硫喷吹系统的 PLC 网络控制

图 5-17 创建 S7-300 主站、从站

2）硬件组态

在 SIMATIC 管理器中，单击 S7_300_Slave 图标，然后在右视图内双击 Hardware 图标，进入硬件组态窗口。在工具栏内单击工具打开硬件目录，如图 5-18 所示，按硬件安装次序依次插入机架、电源、CPU 和其他信号模块等完成硬件组态。

插入 CPU 时会同时弹出 PROFIBUS 接口组态窗口。也可以在插入 CPU 后，双击 DP 插槽，打开 DP 属性对话框，单击"Properties"按钮进入 PROFIBUS 接口组态对话框。单击"New"按钮后新建 PROFIBUS 网络"PROFIBUS(1)"，分配 PROFIBUS 站地址，此处设定为"3"，单击"Properties"按钮后在弹出的对话框中单击"Network Settings"选项卡进行网络参数设置，如"Transmission Rate"和"Profile"，此处选择"1.5 Mbps"和"DP"，如图 5-19 所示。

185

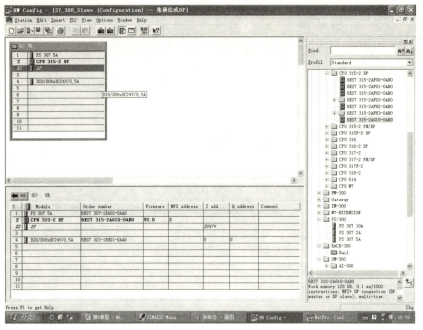

图 5-18 硬件组态

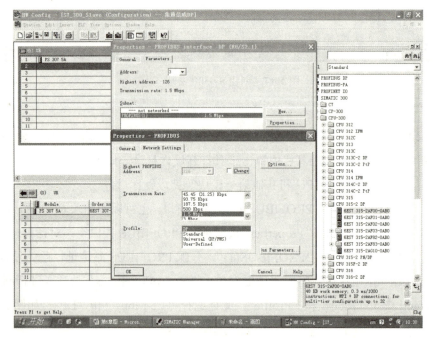

图 5-19 设置从站属性

第 5 章 钢铁生产脱硫喷吹系统的 PLC 网络控制

3）DP 模式选择

选中 PROFIBUS 网络，单击"Properties"按钮，设置 DP 属性，如图 5-20 所示。单击"Operating Mode"选项卡，选择"DP slave"单选项。如果勾选"Test,commissioning,routing"复选项，则表示这个接口既可以作为 DP 从站，同时也可以通过这个接口监控程序。

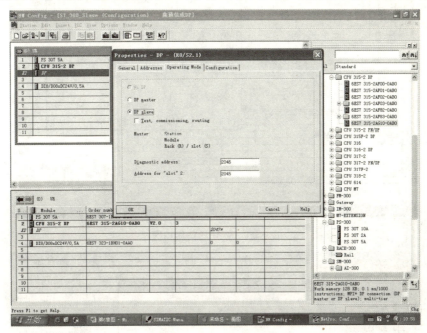

图 5-20 设置 DP 属性

4）定义从站通信接口区

在 DP 属性对话框中，单击"Configuration"选项卡，打开 I/O 通信接口区属性设置对话框，单击"New"按钮新建一行通信接口区，如图 5-21 所示，可以看到当前组态模式为主—从模式。此时只能对本地（从站）进行通信数据配置。

注意，如果在"Consistency"中选择"Unit"，则按"Unit"区中定义的数据格式发送，即按字节或字发送；选择"All"为打包发送，每包最多 32 字节，通信数据大于 4 字节时，应使用 SFC14、SFC15 功能。

设置完成后单击"Apply"按钮。同样可根据实际通信数据建立若干行，但最大不能超过 244 字节。本例分别创建一个输入区和一个输出区，长度为 4 字节，设置完成后可在"Configuration"选项卡中看到这两个通信接口区，如图 5-22 所示。

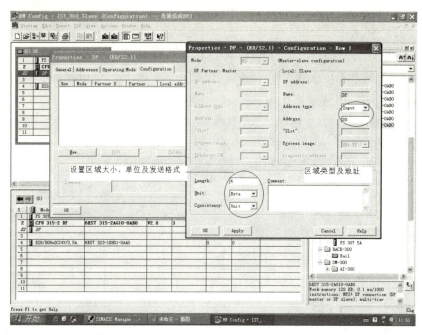

图 5-21 新建通信接口区

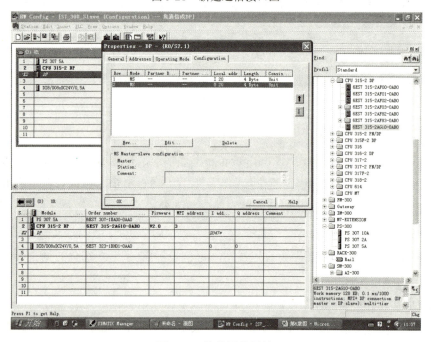

图 5-22 从站通信属性

188

第 5 章 钢铁生产脱硫喷吹系统的 PLC 网络控制

5）编译组态

通信接口区设置完成后，单击编译按钮编译并存盘，编译无误后即完成从站的组态。

完成从站组态后，即可对主站进行组态，基本过程与从站组态相同。在完成基本硬件组态后对 DP 接口参数进行设置，本例中将主站地址设定为"2"，并选择与从站相同的 PROFIBUS 网络"PROFIBUS(l)"。"Transmission Rate"和"Profile"与从站设置相同（"1.5Mbps"和"DP"）。

然后在 DP 属性对话框中，单击"Operating Mode"选项卡，在对话框中选择"DP master"操作模式，如图 5-23 所示。

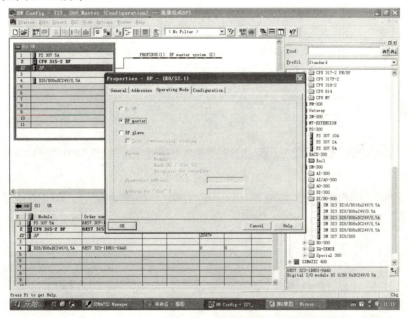

图 5-23　组态 DP 主站

2. 连接从站并编辑通信接口

在硬件组态窗口中，打开硬件目录，在"PROFIBUS DP"下选择"Configured Stations"文件夹，将"CPU 3lx"拖到主站系统 DP 接口的 PROFIBUS 总线上，这时会同时弹出 DP 从站连接属性对话框，选择所要连接的从站后，单击"Connect"按钮，如图 5-24 所示。当有多个从站存在时，要一一连接。

连接完成后，单击"Configuration"选项卡，设置主站的通信接口区，如图 5-25 所示。从站的输出区与主站的输入区相对应，从站的输入区同主站的输出区相对应。本例主站的输出区 QB10～QB13 与从站的输入区 IB20～IB23 相对应；主站的输入区 IB10～IB13 与从站的输出区 QB20～QB23 相对应，通信数据如图 5-26 所示。

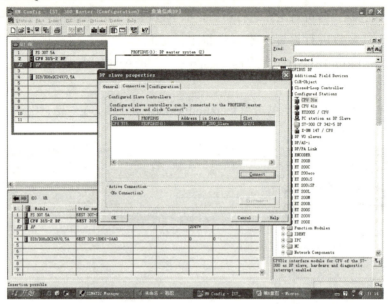

图 5-24　连接 DP 从站

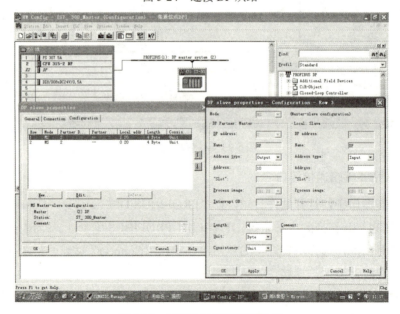

图 5-25　设置主站的通信接口区

第 5 章 钢铁生产脱硫喷吹系统的 PLC 网络控制

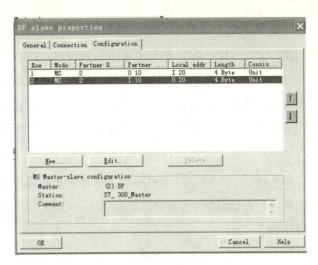

图 5-26 通信数据

确认上述设置后,在硬件组态窗口中单击编译按钮编译并存盘,编译无误后即完成主从通信组态配置,如图 5-27 所示。配置完成后,分别将配置数据下载到各自的 CPU 中初始化通信接口数据。

图 5-27 组态配置

191

在调试阶段，为避免网络上某个站点断电而使整个网络不能正常工作，建议将 OB82、OB86、OB122 下载到 CPU 中，这样可保证在有上述中断触发时，CPU 仍可运行。为了调试网络，可以在主站和从站的 OB1 中分别编写读写程序，从对方读取数据。本例通过开关，将主站和从站的仿真模块 SM374 设置为 DI8/DO8。这样可以从主站输入开关信号，在从站中显示主站上对应输入开关的状态；同样，从从站输入开关信号，在主站中也可以显示从站上对应开关的状态。

控制操作过程为：IB0（从站输入模块）→QB20（从站输出数据区）→QB0（主站输出模块）；IB0（主站输入模块）→QB10（主站输出数据区）→QB0（从站输出模块）。

（1）从站的读写程序如下。

```
L    IB0       // 读本地输入数据到累加器 1
T    QB20      // 将累加器 1 中的数据送到从站通信输出映像区
L    IB20      // 从从站通信输入映像区读数据到累加器 1
T    QB0       // 将累加器 1 中的数据送到本地输出端口
```

（2）主站的读写程序如下。

```
L    IB0       // 读本地输入数据到累加器 1
T    QB10      // 将累加器 1 中的数据送到主站通信输出映像区
L    IB10      // 从主站通信输入映像区读数据到累加器 1
T    QB0       // 将累加器 1 中的数据送到本地输出端口
```

5.2.6 如何通过 DP 连接远程 I/O 站和模拟量模块

（1）双击"SIMATIC Manager"图标，打开 STEP 7 的主画面。

（2）执行菜单命令"File"→"New"，在弹出的对话框中输入文件名（如 TEST）和文件夹地址，然后单击"OK"按钮；系统将自动生成 TEST 项目，如图 5-28 所示。

（3）选择"TEST"，单击鼠标右键，在右键菜单中选择"Insert New Object"→"SIMATIC 300 Station"命令，将生成一个 S7-300 的项目，如图 5-29 所示。

（4）在图 5-30 所示窗口的右栏中依次单击"SIMATIC 300"→"RACK-300"，然后将"Rail"输入到下边的空白处，生成空机架，如图 5-31 所示。

（5）单击"PS-300"，选择"PS 307 2A"（其他容量也可以），将其拖至机架 RACK 的第 1 个槽，如图 5-32 所示。

第 5 章　钢铁生产脱硫喷吹系统的 PLC 网络控制

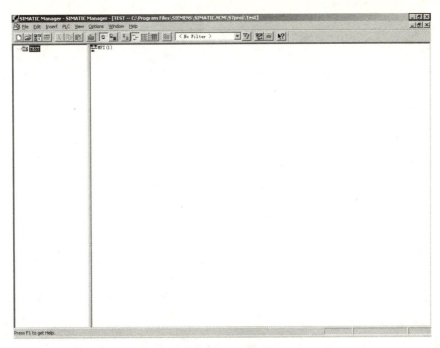

图 5-28　生成项目

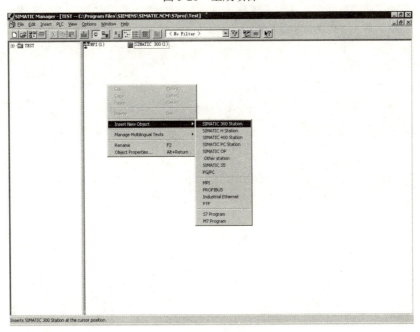

图 5-29　开始组态 S7-300 PLC

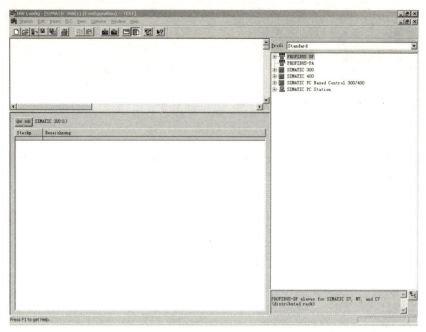

图 5-30　开始硬件组态

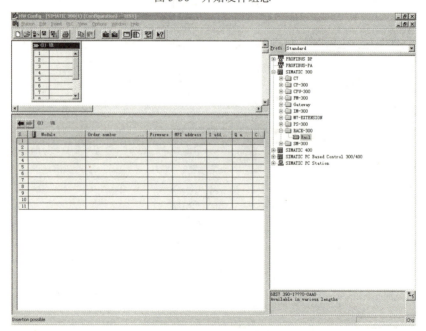

图 5-31　建立硬件机架

第 5 章　钢铁生产脱硫喷吹系统的 PLC 网络控制

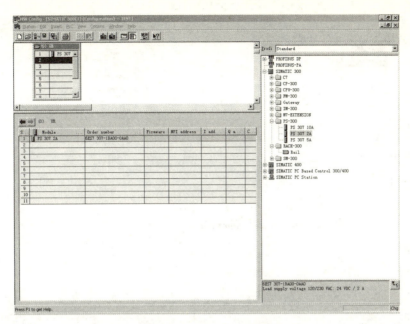

图 5-32　加入电源模块

（6）依次单击"CPU-300"→"CPU 315-2 DP"→"6ES7 315-2AF03-0AB0"，选择"V1.2"，将其拖至机架 RACK 的第 2 个槽，随后弹出一个组态 PROFIBUS-DP 的对话框，接受"Address"中的 DP 地址默认值"2"，如图 5-33 所示。

（7）单击组态 PROFIBUS-DP 对话框中的"New"按钮，在弹出的对话框中单击"Network Settings"选项卡，可以在这里设置 PROFIBUS 参数，包括"Transmission Rate"和"Profile"等，如图 5-34 所示。

（8）单击"确定"按钮，即可生成一个 DP 网络，如图 5-35 所示。

（9）增加 ET200M。在右栏中依次单击"PROFIBUS DP"→"ET200M"，选择"IM153-1"（注意，这里选的是 6ES7 153-1AA03-0XB0），将其拖至"PROFIBUS(1): DP master system(1)"，这时弹出 IM153-1 通信卡设置界面，如图 5-36 所示，确认 DP 地址后，单击"确定"按钮，即完成 ET200M 的增加。

（10）增加 SM321 模块。在右栏中依次单击"IM153-1"→"DI-300"，选择"SM 321-DI16x 24 VDC，interrupt"模块，将其拖至左下方的第 4 个槽，如图 5-37 所示。一个 DI 模块组态完成，系统将自动为模块的通道分配 I/O 地址（此处为 I0.0～I1.7）。

（11）按照上述步骤组态 SM322 模块（6ES7 322-1BH01-0AA0），如图 5-38 所示，系统同样将为其分配地址（Q0.0～Q1.7）。

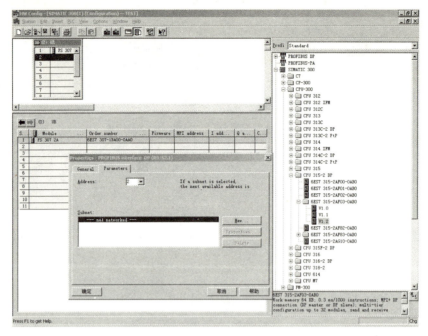

图 5-33　加入 CPU 模块

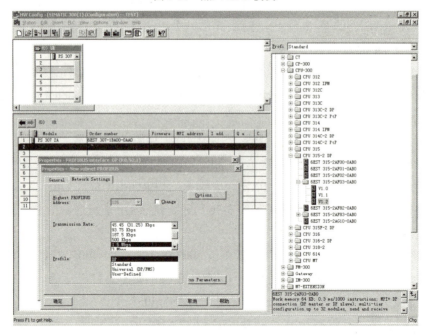

图 5-34　设置 PROFIBUS 参数

第 5 章 钢铁生产脱硫喷吹系统的 PLC 网络控制

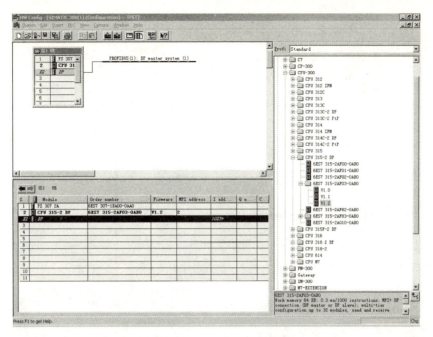

图 5-35 生成 DP 网络

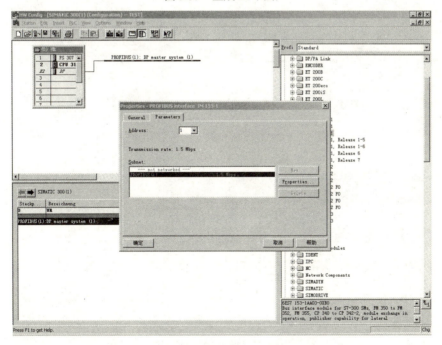

图 5-36 增加 ET200M 模块

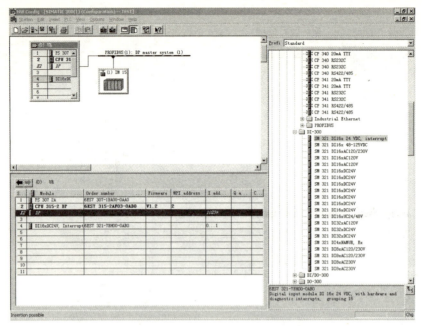

图 5-37 增加 SM321 模块

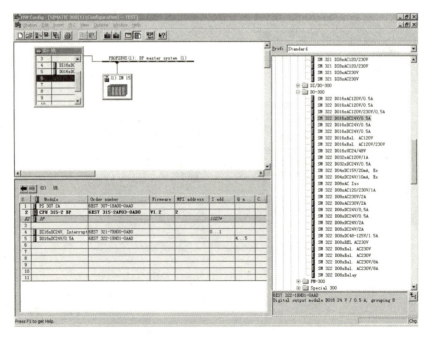

图 5-38 增加 SM322 模块

第 5 章　钢铁生产脱硫喷吹系统的 PLC 网络控制

(12) 按照上述方法组态 AI 模拟量模块 (6ES7 331-7KF01-0AB0), 然后在图 5-39 所示窗口左上方的 "UR" 框中双击该模块, 弹出该模块的属性对话框, 在 "Measuring" 栏中, 为每个通道定义信号类型, 将 0～1 通道定义为两线制、4～20mA, 2～3 通道为内部补偿 K 型热电偶信号 (TC-I、Type K)。最后单击 "OK" 按钮, 完成 AI 模拟量模块组态, 系统将为每个通道分配地址, 此处第 1 通道为 PIW256、PIW258。

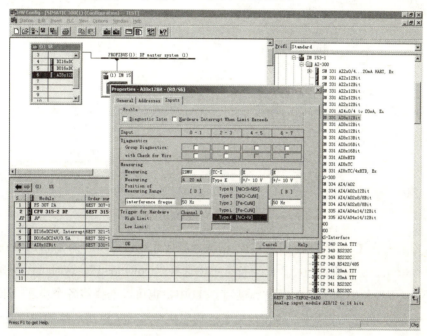

图 5-39　组态 AI 模拟量模块

(13) 执行菜单命令 "Edit" → "Save and Complice", 存盘并编译硬件组态, 这样就完成了硬件组态工作。然后检查组态, 单击 "STATION/Consistency check" 按钮, 如果弹出图 5-40 所示窗口, 则表示没有错误产生。

(14) 下载程序至 CPU。

① 建立在线连接。按下 PLC 上的开关 PS307, CPU 上的 DC5V 指示灯点亮; 然后将 PLC 的操作模式开关转到 STOP 位置。

② 复位 CPU。将模式开关从 STOP 位置转换到 MRES 位置, STOP 指示灯以 1Hz 的频率闪烁直至常亮, 释放模式开关使其回到 STOP 位置, 然后再快速地转回到 MRES 位置, STOP 指示灯以 2Hz 的频率闪烁直至常亮, 此时释放模式开关使其回到 STOP 位置, CPU 复位完成。

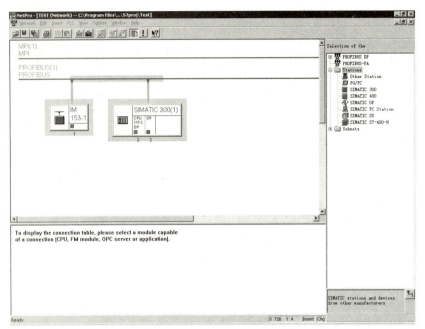

图 5-40 组态成功的 PROFIBUS 网络

③ 下载程序至 CPU。启动 SIMATIC 管理器，打开项目窗口（如 TEST），在"View"菜单中选择"Offline"；在"PLC"的下拉菜单中选择"Download"。这时可以在弹出的对话框中选择将编程设备中的所有程序块下载到 CPU 中，也可以选择将各个块逐一下载到 PLC 的 CPU 中。但要注意下载顺序，应该首先是子程序块，然后是更高一级的块，最后是 OB1，如果下载块的顺序不对，则 CPU 将进入 STOP 模式。为避免出现这种情况，可以选择将全部程序下载到 CPU 中。

④ 接通 CPU 并检查操作模式。将操作模式开关转为 RUN-P，如果绿色的 RUN 灯亮，红色的 STOP 灯灭，则说明可以开始进行程序测试；如果红色的 STOP 灯亮，则说明有错误出现，需要使用编程软件来诊断错误。

5.2.7 如何实现 S7-300 PLC 与 MM 变频器之间的 DP 通信

西门子驱动设备包括多个系列的变频器和直流调速装置。它们可以使用 PROFIBUS-DP、USS 和 SIMOLINK 这 3 种通信协议。其中 USS 协议属于主从通信，PLC 做主站，驱动设备做从站。USS 协议的 MPI 接口集成在变频器中，不需要增加硬件成本。但其通信速度较慢，只有基本通信功能，最多可以连接 31 个从站。SIMOLINK 协议主要用于驱动设备之间的主从通信。

PROFIBUS-DP 协议的通信速度快，有附加功能（如非循环通信和交叉通信），站点数更多，但需要添加驱动设备的 DP 通信板。

1. 组态主站和 PROFIBUS 网络

在 STEP 7 管理器中用新建项目向导创建一个项目，CPU 模块为 CPU315-2DP。选中 SIMATIC 管理器的 S7-300 PLC 站点，单击右边窗口的"硬件"图标，打开硬件组态工具（见图 5-41），将电源模块和信号模块插入机架。生成一个 PROFIBUS-DP 网络，采用默认的参数，CPU315-2DP 的站地址为 2，网络的传输速率为 1.5 Mbps，配置网络为"DP"。单击"确定"按钮返回硬件组态窗口。

2. 生成 MASTERDRIVE 从站

MM 变频器 CBP 通信板是 DP 通信扩展板，CBP2 是较新的版本。打开硬件组态窗口右边的硬件目录窗口的文件夹 "\PROFIBUS DP\SIMOVERT"，将其中的 "MASTERDRIVES/DCMASTER CBPx" 拖至 DP 网络上。在自动打开的"属性"对话框中，设置从站地址为"3"。

打开硬件目录中的子文件夹 "MASTERDRIVES/DC MASTER CBPx"，文件夹内是 CBP 通信板的通信区选项。过程数据 PZD 用于 PLC 控制和监视变频器，参数数据 PKW 用于读写变频器的参数。PKW 和 PZD 总称为参数过程数据对象（PPO）。组态时一般选择 PPO1 和 PPO3，PPO1 有 4 个字的参数数据 PKW 和 2 个字的过程数据 PZD。系统调试好后交付给用户使用时，一般选择 PPO3，它只有 2 个字的过程数据 PZD，可以监控变频器和电动机的运行，但不能修改组态的参数。

选中硬件组态窗口中的变频器，将图 5-41 中的 "PPO3：0 PKW/2 PZD" 拖至下面窗口的第 1 行。在下面的窗口中可以看到自动分配给 PZD 的输入、输出地址。

3. 变频器的参数设置

MM 变频器在运行前需要设置大量的参数，可以用软件 DriveMonitor 或 DriveES 来组态和监控西门子驱动设备。

首先设置参数 P60=1、P366=0、P970=0，恢复工厂设置，各参数被设置为默认值。

图 5-41　MM 变频器的 DP 硬件组态

下面是与通信有关的参数设置。

- P53 = 7，允许使用 CBP 通信板、参数设置单元和串行通信接口来修改参数。
- P107=50Hz，电动机额定频率。
- P443.001= K3002，主设定值来自 PZD2。
- P554.001= B3100，用控制字的第 0 位来控制电动机的启停。
- P571= B3101，P572=1，两个参数同时使用来保证电动机的正、反转。
- P734.001= K32，PZD1 为状态字。
- P734.002=KK151，PZD2 为 n/f 模式的频率实际值。
- P918 = 3，通信板的 DP 站地址。

4. MM 变频器 DP 通信的数据区结构

MM 变频器 DP 通信数据区包括参数数据区 PKW 和过程数据区 PZD，如图 5-42 所示。

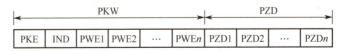

图 5-42　MM 变频器通信数据区的结构

第 5 章 钢铁生产脱硫喷吹系统的 PLC 网络控制

过程数据字 PZD1 和 PZD2 分别是主站发送给变频器的控制字和主设定值，以及变频器返回给主站的状态字和主实际值。

控制字 1 各位的意义见表 5-9，状态字 1 各位的意义见表 5-10。除控制字 1 和状态字 1 外，还有用得较少的控制字 2 和状态字 2，它们各位的意义见驱动设备的使用手册。

表 5-9 控制字 1 各位的意义

位	意 义	位	意 义
0	上升沿启动，为 0 时是 OFF1（斜坡下降停止）	8	正向点动，第 0 位应为 0
1	OFF2，为 0 时惯性自由停止	9	反向点动，第 0 位应为 0
2	OFF3，为 0 时快速停止	10	由 PLC 进行控制
3	逆变器脉冲使能，运行的必要条件	11	顺时针旋转磁场使能
4	斜坡函数发生器使能	12	逆时针旋转磁场使能
5	为 0 时斜坡函数发生器保持	13	用电动电位计升速
6	设定值使能	14	用电动电位计降速
7	上升沿时确认故障	15	为 0 时外部故障命令

表 5-10 状态字 1 各位的意义

位	意 义	位	意 义
0	开机准备就绪	8	为 0 时频率设定值与实际值偏差过大
1	运行准备就绪	9	PZD 控制请求
2	正在运行	10	实际频率大于或等于设定值
3	故障信号	11	中间回路低电压故障
4	为 0 时已发出 OFF2 关机命令	12	主接触器合闸
5	为 0 时已发出 OFF3 关机命令	13	斜坡函数发生器被激活
6	开机封锁信号	14	为 1 时顺时针旋转磁场
7	有报警消息	15	动能缓冲（KIP）或柔性跳闸（FLN）激活

控制字的第 15 位为 0 时如果有故障信号，则将封锁逆变器脉冲，断开主接触器/旁路接触器。本例程控制字的第 1 位被组态用来控制电动机的正、反转。

假设用参数 P107 设置的额定频率为 50.00Hz，那么它对应于 16#4000。设定频率如果为 40.00Hz，则对应的主设定值 PZD2 = 40.00×16#4000/50.00=16#3333。

5. 通信程序设计

1）读写过程数据区的程序

双击图 5-41 下面的窗口列表的第 2 行，从打开的对话框中可以看到该行的属性。数的单位为字,一致性为"总长度",表示通信的数据是一致性数据且不能被修改。主站需要调用 SFC15 将数据打包后发送,调用 SFC14 将接收到的数据解包。下面是 OB1 中的程序,在 M0.1 为 1 时发送数据。

```
      A    M    0.1                    //M0.1 为 1 时发送数据
      JNB  _001                        //未满足条件则跳砖
      CALL  "DPWR_DAT"                 //调用 SFC15,将数据打包后发送
      LADDR: =W#16#100                 //PZD 输出区的起始地址(256)
      RECORD: =P#M30.0 BYTE 4          //存放要发送的用户数据的源数据区
      RET_VAL: =MW6                    //错误代码
_001: NOP  0
      CALL  "DPRD_DAT"                 //调用 SFC14,将接收的数据解包
      LADDR: =W#16#100                 //PZD 输入区的起始地址(256)
      RET_VAL: =MW8                    //错误代码
      RECORD: = P#M34.0 BYTE 4         //存放读取的用户数据的目的数据区
```

2)用过程数据区监控变频器

控制字的第 10 位必须为 1,表示控制字来自 PLC。根据设置的变频器参数,用控制字的第 0 位控制电动机的启动和停止,用控制字的第 1 位控制电动机的旋转方向。

例如,用变量表将控制字 16#0403(顺时针启动)写入 PZD 的第 1 个字 MW30,将频率设定值 16#2000(50%的额定频率)写入 PZD 的第 2 个字 MW32。单击工具栏上的"编译"按钮,数据被写入 CPU,"状态值"列显示的是 CPU 中的数据。用变量表将 M0.1 置为 1 状态,控制字和设定值发送到变频器,电动机开始旋转。MW36 返回的频率实际值逐渐增大,最后频率实际值在设定值 16#2000 的上下窄幅波动。变频器的参数设置单元(PMU)显示的频率值在 25.0Hz 上下波动。变量表中的 MW34 返回的状态字 16#5334 的意义:变频器正在运行,未发出 OFF2 和 OFF3 关机命令,频率偏差未超出运行值,PZD 控制请求,主接触器合闸,顺时针旋转。

用变量表将控制字 16#0400 写入 PLC,命令电动机停止。电动机首先减速,减速时间取决于参数 P464.001 的值,最后停止转动,返回的频率实际值为 16#FFFF(对应数值 0)。变频器的参数设置单元显示 o009(开机准备就绪)。MW34 返回的状态字为 16#4331,第 0 位为 1,表示合闸准备就绪;第 2 位为 0,表示变频器停止运行;第 12 位为 0,表示主接触器断开。其余各位的状态与顺时针运行时的状态字 16#5334 相同。

第 5 章　钢铁生产脱硫喷吹系统的 PLC 网络控制

用变量表发送控制字 16#0401（逆时针启动）和主设定值 16#1000，电动机逆时针旋转。

MW36 返回的转速实际值在 16#F000（即 -16#1000）上下窄幅波动。变频器的参数设置单元显示的频率值在 -12.5Hz 上下波动。MW34 返回的状态字 16#1334 的第 14 位为 0，表示电动机逆时针旋转。其余各位与顺时针旋转时的状态字 16#5334 相同。用变量表发送控制字 16#0403（顺时针启动）和设定值 16# F000（速度值为负值：-16#1000），也可以使电动机逆时针旋转。

5.2.8　如何用普通网卡实现计算机与 S7-300 PLC 的通信

普通网卡可以用 ISO 或 TCP/IP 与有以太网接口的 PLC 通信。如果使用 TCP/IP，首先需要用 MPI 或 DP 接口将 IP 地址下载至 CPU。即使 CPU 中原来没有以太网的组态信息，也可以实现 ISO 通信。某些低档的 CPU 没有这一功能。

1. 硬件连接

实验计算机（笔记本电脑）有一个有线网卡和一个无线网卡，用一根交叉连接的 RJ-45 电缆连接 PLC 的以太网 CP 和计算机的普通网卡，也可以通过交换机和两根网线中转连接。

2. 设置 IP 地址

打开计算机的控制面板，双击其中的"网络连接"图标。在"网络连接"对话框中，用鼠标右击"本地连接"图标，执行弹出的右键菜单中的"属性"命令，打开"本地连接 属性"对话框，如图 5-43 所示。勾选"此连接使用下列项目"列表中的"Internet 协议（TCP/IP）"复选项，单击"属性"按钮，打开"Internet 协议（TCP/IP）属性"对话框。选择"使用下面的 IP 地址"单选项，采用 PLC 以太网接口默认的子网网段地址 192.168.0.241，计算机的 IP 地址的最后 1 字节只要不与其他站点冲突就可以了。单击"子网掩码"文本框，出现默认的子网掩码 255.255.255.0。

3. 设置 PG/PC 接口

在 SIMATIC 管理器中，执行菜单命令"选项"→"设置 PG/PC 接口"，在弹出的对话框中选择使用 TCP/IP（Auto）的计算机网卡。单击"确定"按钮，弹出"访问路径已更改"的对话框。单击"确定"按钮，退出"设置 PG/PC 接口"对话框，这时 TCP/IP 才会生效。

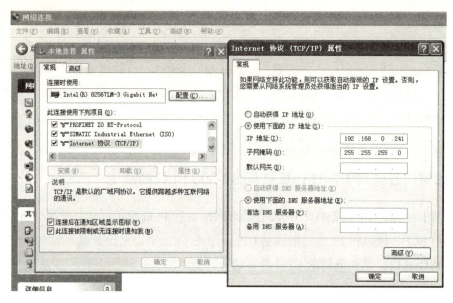

图 5-43 IP 地址设置

4. 验证 TCP/IP 通信

用 MPI 接口或使用 ISO 协议的普通网卡将 IP 地址下载到 CPU 模块后,就可以进行 TCP/IP 通信了。单击硬件组态窗口的工具栏上的下载按钮,在出现的"选择目标模块"对话框中,单击"确定"按钮,出现"选择节点地址"对话框,其中列出了组态的目标站点的 IP 地址和 MAC 地址。

单击该对话框中的"显示"按钮,经过几秒后,在"可访问的节点"列表中会出现 CP 模块的 IP 地址、MAC 地址和模块的型号。单击"可访问的节点"中的地址,它将出现在上面的表格中。单击"确定"按钮,开始下载硬件组态信息。如果已经下载了 CP 的 IP 地址,可不用执行这一操作。

5.2.9 如何实现 S7-300 PLC 之间的以太网通信

首先搭建一套测试设备,设备的结构为 2 套 S7-300 系统,由 PS307 电源、CPU314C-2DP、CPU314C-2PtP、CP343-1、CP343-1IT、PC、CP5611、STEP 7 组成,S7-300 PLC 系统如图 5-44 所示。

第 5 章 钢铁生产脱硫喷吹系统的 PLC 网络控制

图 5-44　S7-300 PLC 系统

（1）打开 SIMATIC 管理器，根据我们系统的硬件组成，进行系统的硬件组态，如图 5-45 所示，插入 2 个 S7-300 PLC 的站，进行硬件组态。

分别组态 2 个系统的硬件模块，组态第 1 个 PLC 的硬件模块（CP343-1）如图 5-46 所示，组态第 2 个 PLC 的硬件模块（CP343-1IT）如图 5-47 所示。

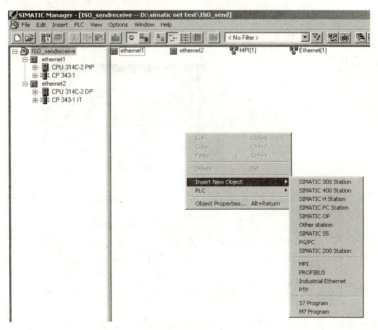

图 5-45　插入 2 个 S7-300 PLC 站

207

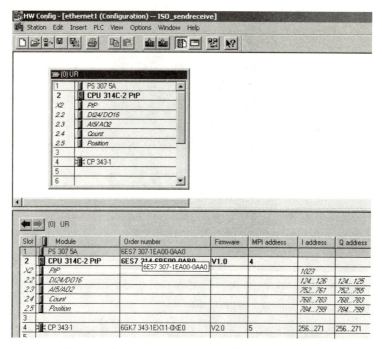

图 5-46 组态第 1 个 PLC 的硬件模块（CP343-1）

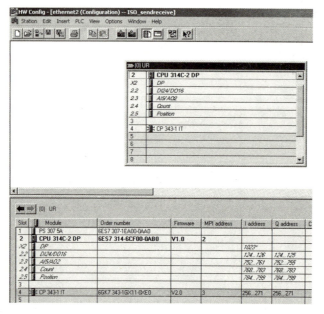

图 5-47 组态第 2 个 PLC 的硬件模块（CP343-1IT）

第 5 章 钢铁生产脱硫喷吹系统的 PLC 网络控制

（2）设置 CP343-1、CP343-1IT 模块的参数，建立一个以太网，MPI、IP 地址。CP343-1 参数设置如图 5-48 所示，以太网地址设置如图 5-49 所示；CP343-1IT 参数设置如图 5-50 所示，以太网地址设置如图 5-51 所示。

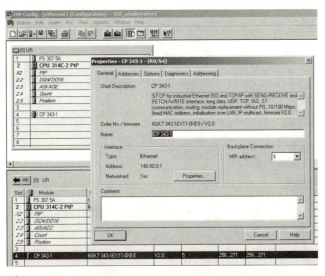

图 5-48　CP343-1 参数设置

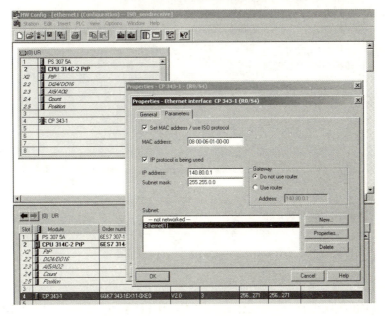

图 5-49　CP343-1 以太网地址设置

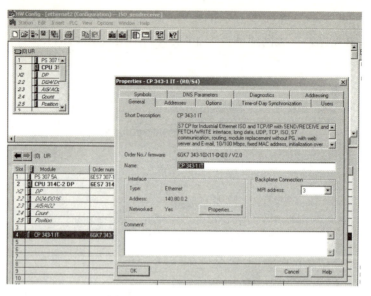

图 5-50　CP343-1IT 参数设置

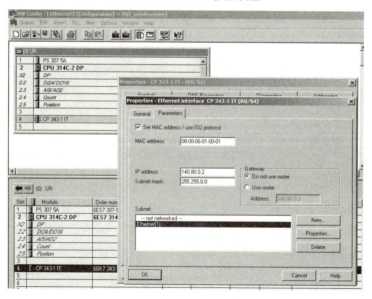

图 5-51　CP343-1IT 以太网地址设置

（3）设置组态完成 2 套系统的硬件模块后，分别下载，然后单击"Network Configration"按钮，打开系统的网络组态窗口"NetPro"，选中"CPU 314C-2 PtP"，如图 5-52 所示。

第5章 钢铁生产脱硫喷吹系统的 PLC 网络控制

（4）在左下面的窗口中右击，插入一个新的网络链接，如图 5-53 所示，并设定链接类型为"ISO-on-TCP connection"、"TCP connection"、"UDP connection"或"ISO transport connection"。

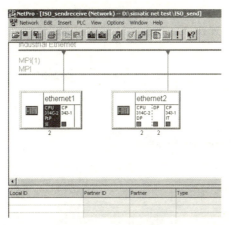

图 5-52　网络拓扑图

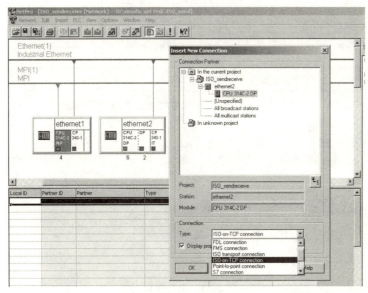

图 5-53　新的网络链接

（5）单击"OK"按钮后，弹出链接属性对话框，使用其默认值，链接属性设置如图 5-54 所示，并根据该对话框右侧信息进行后面程序的块参数设定，如图 5-55 所示。

当 2 套系统之间的链接建立完成后，用鼠标选中图标中的 CPU，分别下载，CPU 314C-2

PtP 的下载图如图 5-56 所示。

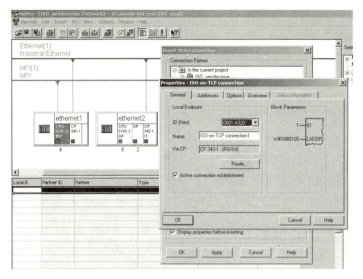

图 5-54　链接属性设置

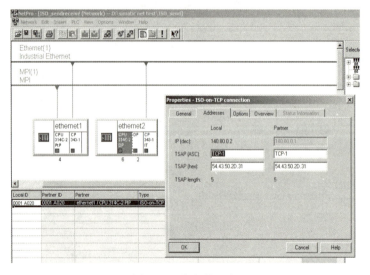

图 5-55　块参数设定

到此为止，系统的硬件组态和网络配置已经完成。下面进行系统的软件编制，在 SIMATIC 管理器中，分别在 CPU314C-2PtP、CPU314C-2DP 中插入 OB35 定时中断程序块和数据块 DB1、DB2，并在两个 OB35 中调用 FC5（AG_SEND）和 FC6（AG_RECV）程序块，发送、接收数据程序如图 5-57 所示。

第 5 章 钢铁生产脱硫喷吹系统的 PLC 网络控制

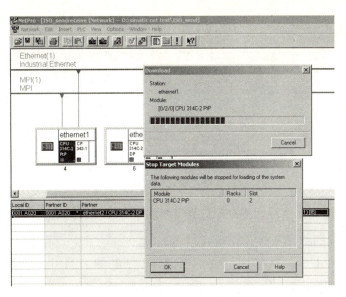

图 5-56　CPU314C-2PtP 的下载图

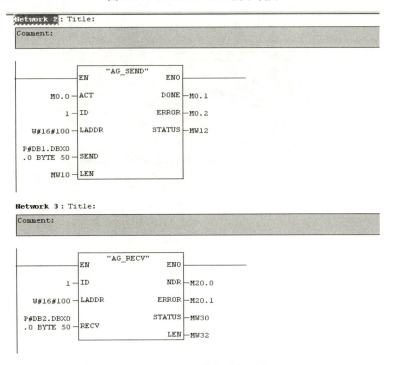

图 5-57　发送、接收数据程序

创建 DB1、DB2 数据块，其中创建 DB1 数据块如图 5-58 所示。

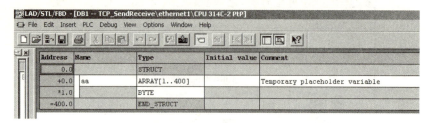

图 5-58　创建 DB1 数据块

2 套控制程序编制完成后，分别下载到 CPU 中，将 CPU 状态切换至运行状态，就可以实现 S7-300 PLC 之间的以太网通信了。

图 5-59～图 5-61 所示界面说明了将 CPU314C-2DP 的 DB1 中的数据发送到 CPU314C-2PtP 的 DB2 中的监视情况。

图 5-59 所示为选择"Data View"命令，切换到数据监视状态；图 5-60 所示为 CPU314C-2DP 的 DB1 中发送的数据；图 5-61 所示为 CPU314C-2PtP 的 DB2 中接收的数据。

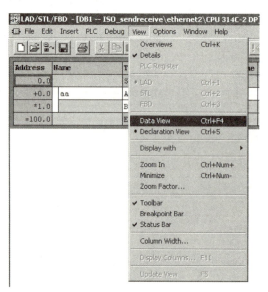

图 5-59　选择"Data View"

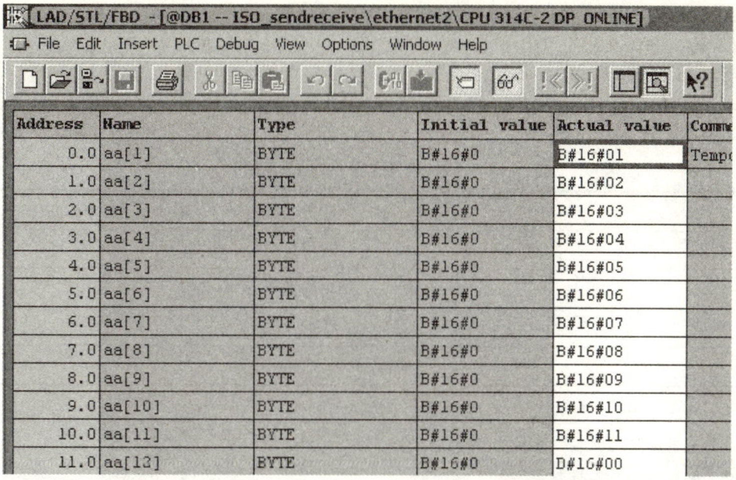

第 5 章 钢铁生产脱硫喷吹系统的 PLC 网络控制

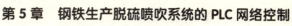

图 5-60 CPU314C-2DP 的 DB1 中发送的数据

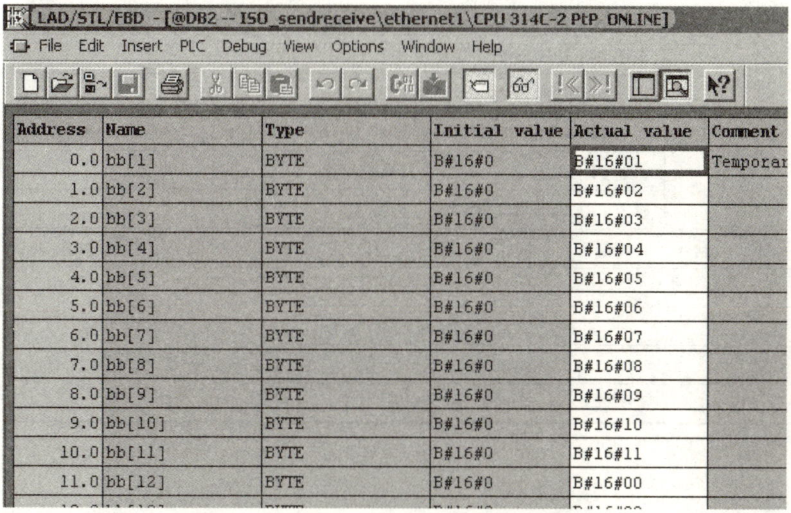

图 5-61 CPU314C-2PtP 的 DB2 中接收的数据

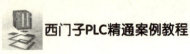

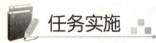

本节任务实施见表 5-11 和表 5-12。

表 5-11　PROFIBUS 现场总线任务书

姓　　名		任务名称	PROFIBUS 现场总线
指导教师		同组人员	
计划用时		实施地点	
时　　间		备　　注	
任务内容			
1. 学习 PROFIBUS 的主要构成			
2. 学习 PROFIBUS 协议及通信方式			
3. 学习 PROFIBUS 的数据传输与总线拓扑			
4. 学习 PROFIBUS-DP 的特点及系统配置			
5. 学习 PROFIBUS 与周边设备的通信			
考核内容	讲述 PROFIBUS 的主要构成		
	讲述 PROFIBUS 协议及通信方式		
	讲述 PROFIBUS 的数据传输与总线拓扑		
	讲述 PROFIBUS-DP 的特点及系统配置		
	建立 PROFIBUS 与周边设备的通信		
资　　料	工　　具	设　　备	
教材			

第 5 章 钢铁生产脱硫喷吹系统的 PLC 网络控制

表 5-12 PROFIBUS 现场总线任务完成报告

姓　　名		任务名称	PROFIBUS 现场总线
班　　级		同组人员	
完成日期		实施地点	

1. 讲述 PROFIBUS 的主要构成

2. 讲述 PROFIBUS 协议及通信方式

3. 讲述 PROFIBUS 的数据传输与总线拓扑

4. 讲述 PROFIBUS-DP 的特点及系统配置

5. 讲述 PROFIBUS 与周边设备的通信

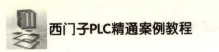

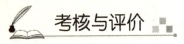 考核与评价

本章考核与评价见表 5-13～表 5-15。

表 5-13　学生自评表

项目名称	钢铁生产脱硫喷吹系统的 PLC 网络控制					
班　　级		姓　　名		学　　号		组　别
评价项目	评价内容					评价结果（好/较好/一般/差）
专业能力	熟悉系统任务需求					
	了解 PROFIBUS 的主要构成					
	了解 PROFIBUS 协议及通信方式					
	了解 PROFIBUS 的数据传输与总线拓扑					
	熟悉 PROFIBUS-DP 的特点及系统配置					
	掌握 S7-300 PLC 与 MM 变频器之间的 DP 通信					
	掌握 S7-300 PLC 的以太网通信					
方法能力	会查阅教科书、使用说明书及手册					
	能够对自己的学习情况进行总结					
	能够如实对自己的情况进行评价					
社会能力	能够积极参与小组讨论					
	能够接受小组的分工并积极完成任务					
	能够主动对他人提供帮助					
	能够正确认识自己的错误并改正					
自我评价及反思							

第 5 章 钢铁生产脱硫喷吹系统的 PLC 网络控制

表 5-14 学生互评表

项目名称		钢铁生产脱硫喷吹系统的 PLC 网络控制	
被评价人	班　级　　　　　姓　　名　　　　　学　　号		
评 价 人			
评价项目	评价内容		评价结果（好/较好/一般/差）
团队合作	A. 合作融洽		
	B. 主动合作		
	C. 可以合作		
	D. 不能合作		
学习方法	A. 学习方法良好，值得借鉴		
	B. 学习方法有效		
	C. 学习方法基本有效		
	D. 学习方法存在问题		
专业能力（勾选）	熟悉系统任务需求		
	了解 PROFIBUS 的主要构成		
	了解 PROFIBUS 协议及通信方式		
	了解 PROFIBUS 的数据传输与总线拓扑		
	熟悉 PROFIBUS-DP 的特点及系统配置		
	掌握 S7-300 PLC 与 MM 变频器之间的 DP 通信		
	掌握 S7-300 PLC 的以太网通信		
	会查阅教科书、使用说明书及手册		
综合评价			

表 5-15 教师评价表

项目名称		钢铁生产脱硫喷吹系统的 PLC 网络制作				
被评价人	班 级		姓 名		学 号	
评价项目	评价内容			评价结果（好/较好/一般/差）		
专业认知能力	熟悉系统任务需求					
	了解 PROFIBUS 的主要构成					
	了解 PROFIBUS 协议及通信方式					
	了解 PROFIBUS 的数据传输与总线拓扑					
	熟悉 PROFIBUS-DP 的特点及系统配置					
	掌握 S7-300 PLC 与 MM 变频器之间的 DP 通信					
	掌握 S7-300 PLC 的以太网通信					
专业实践能力	能够正确建立 DP 主从通信					
	能够正确使用设置 S7-300 PLC 与 MM 变频器之间的 DP 通信					
	能够正确设置 S7-300 PLC 之间的以太网通信					
	会查阅教科书、使用说明书及手册					
	能够认真填写报告记录					
社会能力	能够积极参与小组讨论					
	能够接受小组的分工并完成任务					
	能够主动对他人提供帮助					
	能够正确认识自己的错误并改正					
	善于表达与交流					
综合评价						

第 6 章
WinCC 在矿井提升机控制系统中的应用

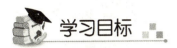
学习目标

知识目标

（1）掌握项目系统在 WinCC 中的建立方法；
（2）掌握组态变量的记录建立方法。

技能目标

（1）能够根据任务需求，正确绘制流程控制图；
（2）能够正确安装 WinCC；
（3）能够正确建立 WinCC 项目；
（4）能够正确实施组态变量记录的步骤。

素质目标

（1）增强学生的动手能力，培养学生的团队合作精神；
（2）在技能实践中，促进学生职业素养的养成。

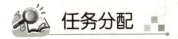
任务分配

6.1　系统概述；
6.2　WinCC 的安装；
6.3　建立项目；
6.4　组态变量记录。

6.1 系统概述

知识准备

矿井提升机(简称提升机)是煤炭生产过程中的重要设备,它承担着煤炭、矿石等材料的运输提升及工作人员、采煤设备等的升降任务,提升机的控制直接影响煤炭的正常生产。目前,提升机大部分采用传统的控制方法,以继电器、接触器等元件为主,用这些元件组成的控制系统存在结构复杂、接线多、调速精度较低等缺点。以西门子 S7-300 PLC 作为主控制器,采用上位机监控,可设计一种新型提升机控制系统,通过对矿井现场设备的各种信号、数据进行实时处理,对提升机运行实现全数字控制,系统同时可设计多重保护和连锁功能,对运输提升过程进行实时监控,确保提升机安全、可靠地运行。

1. 控制系统功能设计

某煤矿采区矿井提升机电动机功率为 400kW,滚筒直径为 2.5m,绳子直径为 28.5mm,电动机定子参数为 52.5A/6000V,转子参数为 435A/590V,额定转速为 588r/min。控制系统的结构如图 6-1 所示。

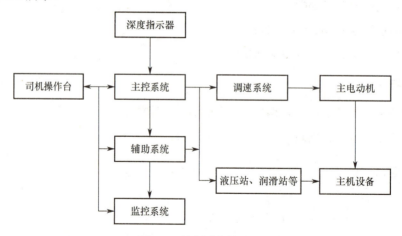

图 6-1 控制系统的结构

在图 6-1 中,主控系统直接控制电动机调速系统及液压站、润滑站等,调速系统采用双闭环调节方式,实现全数字自动调节。

第6章 WinCC在矿井提升机控制系统中的应用

主控系统选用西门子公司 S7-300 PLC，采用 CPU315-2DP 模块，主控系统采用冗余设计。系统中的 PLC 主要实现以下功能。

（1）根据矿井工艺要求，控制调速系统的启动、停止等。

（2）按照 S 形速度曲线控制提升机的运行。

（3）为提升机提供两种工作方式——手动和自动。

（4）特殊情况下对提升机提供相应的保护功能。例如，在等速运行时出现超速，在减速过程中出现过速，以及过卷等情况下，PLC 运行保护程序。

提升机设计了三种工作模式，正常、简易和应急。正常工作模式主要针对提人、提物、下长材（特运）和验绳（检修）四种情况，在这种模式下，PLC 系统完成所有控制任务，提供完整的保护，同时实现冗余备份。在简易工作模式下，提升机运行速度很慢，一般不超过 3m/s。应急工作运行模式一般很少使用，只适用于系统出现故障的情况，在这种模式下，提升机通过手动操作外部应急开关，一次性提升罐笼。

2. 系统硬件与程序设计

本系统除选用 CPU315-2DP 中央处理单元外，还需要进行相应的 I/O 模块配置，这样才能实现对工作状态的监视与控制。系统中的 PLC 数字量输入模块选用 6ES7 321-1FH00-0AA0，用于对电气设备的数字量信号（如行程开关、操作按钮等状态信号）进行采集；数字量输出模块选用 6ES7 322-1FH00-0AA0，主要对系统各电动机、电动阀等进行控制；模拟量输入模块选用 6ES7 331-7KF00-0AB0，主要对现场仪表、各种检测信号进行采集；模拟量输出模块选用 6ES7 332-5HF00-0AB0，实现提升机的变频调速控制；同时，系统选用高速计数模块 FM350-1，该模块主要对编码器的脉冲信号进行计数，从而实现对罐笼的控制。

根据工艺流程，提升机运行过程包括加速、等速、减速、爬行几个阶段。当提升机开始工作时，PLC 首先检查各原位状态是否正常，各保护环节是否处于保护状态；待各部分检查正常后，解除安全制动并使提升机进入提升阶段，否则不允许开机。当 PLC 系统收到井下发出的提升信号时，PLC 按下述预定程序进行控制。

（1）提升机的电动机切除转子控制回路的电阻，进入加速阶段。

（2）等速运行，此时控制系统无任何切换。

（3）减速阶段，投入制动电源。

（4）进入低速爬行阶段，提升机开始自然过渡。

(5) 停机卸载。

在整个控制过程中,提升机运行过程按 S 形速度曲线设计,同时对罐笼位置及提升机运行速度全程监视,提升机的加速、减速、速度平滑准确调整等动作由 PLC 自动控制,并实时显示罐笼运行过程中所处的位置。

PLC 程序设计流程如图 6-2 所示。

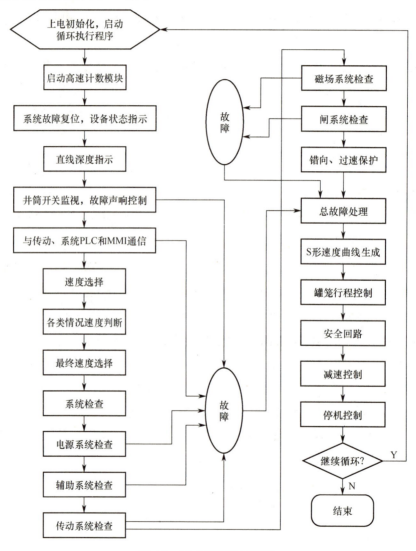

图 6-2　PLC 程序设计流程

第6章 WinCC在矿井提升机控制系统中的应用

本系统采用西门子专用编程软件 STEP 7 进行程序设计，采用结构化编程方法，用户程序由 OB、FB、FC 和 DB 构成。其中，组织块 OB 是系统操作程序与应用程序的接口界面；功能块 FB、FC 是用户子程序；数据块 DB 用于存取提升机的各种运行参数，是监控软件 WinCC 与 STEP 7 程序的数据接口。本系统中提升机的各段速度、各动作的延时时间等均存放在 DB 中。

3. 状态监控与干扰抑制

提升机状态监控系统由 S7-300 PLC、上位机组态软件、继电器保护回路和状态信号采集系统组成，其中 S7-300 PLC 作为核心控制装置，负责全部状态监控，上位机 WinCC 组态软件实现 PLC 变量表中监控变量与监控界面为变量的关联，监控系统通过声光报警指示故障发生位置，并运行相应的故障保护程序。

CP5611 卡是上位机与 S7-300 PLC 的通信接口，通过 DP 专用电缆与 PLC 连接，同时上位机安装 WinCC V6.0 组态软件，组态软件中的变量通过与 PLC 变量表中的变量关联，实时监视提升机的运行状态。本系统设计的监控画面包括系统工艺流程图、系统拓扑结构图、S 形速度控制图、系统液压图等；罐笼的实时位置、电动机工作电流、液压系统油压、提升钩数等参数同样由监控画面显示；提升机在发生故障等紧急情况下，监控系统能判断故障位置，并发出报警指示；此外，组态统计报表可对矿山产量、提升次数等重要数据进行归档，大幅提高矿山的生产效率。

图 6-3 所示为提升机状态监控系统中的组态窗口，窗口可集中显示提升机的工作状态，核心参数一目了然，极大地方便了对提升机的控制。

虽然西门子 S7-300 PLC 本身具有较强的抗干扰能力，但由于煤矿工业现场环境恶劣、灰尘大、大功率设备多，导致系统电压波动较大，从而使抗干扰设计显得非常重要。为了最大限度地减少煤矿环境产生的干扰，本系统主要采取以下措施。

（1）PLC 控制电源前加装隔离变压器，以防止干扰信号引起电源电压波动；PLC 输入端加装滤波电路，以防止电网干扰从输入端进入 PLC 系统。

（2）由于本系统 PLC 输出控制设备大部分为电磁阀、交流接触器线圈等，均为感性负载，所以应在输出端并联 RC 消弧电路。

（3）PLC 模拟信号采用专用屏蔽电缆，模拟量与开关量分开走线。实践证明，上述抗干扰措施非常有效，大大提高了系统的抗干扰能力。

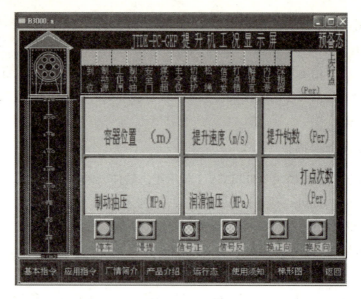

图 6-3　组态窗口

西门子 S7-300 PLC 是目前应用较广泛的自动化装置，它具有良好的动态性能和静态性能，本系统中的提升机有多种工作模式，S 形速度曲线实现了平滑的加速和减速过程。同时，采用上位机与 PLC 组成的提升机监控系统，构建了良好的人机界面，表现出良好的抗干扰能力，系统能实时监控提升机的工作状态。经实际运行证明，这种 PLC 控制系统不但能满足煤炭生产的需要，而且还可大幅提高煤炭生产效率，使系统维护工作量减少 40%，耗电量减少 20%～30%，效果显著，本系统具有较大的推广价值。

第 6 章 WinCC 在矿井提升机控制系统中的应用

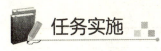

本节任务实施见表 6-1 和表 6-2。

表 6-1 系统概述任务书

姓 名		任务名称	系统概述
指导教师		同组人员	
计划用时		实施地点	
时 间		备 注	
任务内容			
1. 分析控制系统功能设计 2. 熟悉系统硬件与程序设计 3. 熟悉状态监控与干扰抑制			
考核内容	分析控制系统功能设计 讲述系统硬件与程序设计 讲述状态监控与干扰抑制		
资料		工具	设备
教材			

表 6-2 系统概述任务完成报告

姓　　名		任务名称	系统概述
班　　级		同组人员	
完成日期		实施地点	

1. 分析控制系统功能设计

2. 讲述系统硬件与程序设计

3. 讲述状态监控与干扰抑制

第 6 章　WinCC 在矿井提升机控制系统中的应用

6.2　WinCC 的安装

WinCC 是运行在 PC 上，基于 Windows 操作系统的组态软件，它的安装有一定的硬件和软件要求。安装 WinCC V6.0 的推荐配置如表 6-3 所示。

表 6-3　安装 WinCC V6.0 的推荐配置

硬　　件	推　荐　配　置
CPU	客户机：奔腾 3，800MHz 服务器：奔腾 4，1400MHz 集中归档服务器：奔腾 4，2.5GHz
主存储器/RAM	客户机：512MB 服务器：1GB 集中归档服务器：≥1GB
硬盘空间	用于安装 WinCC-客户机，700MB/服务器：1GB 用于安装 WinCC-客户机，1.5GB/服务器：10GB 集中归档服务器：80GB
虚拟内存	1.5 倍速工作内存
显卡	32MB
颜色	真彩色
分辨率	1024 像素×768 像素

1. WinCC V6.0 的安装步骤

1）安装 WinCC 软件的注意事项

（1）安装时退出杀毒软件。

（2）最好将光盘上的文件复制到硬盘分区的根目录下再安装。

（3）该目录的名称不能用中文，否则会出现"找不到 SSF 文件"的错误。

（4）生成的应用项目的路径和名称也建议不用中文，否则在 WinCC 中不能运行。

（5）操作系统最好是 Windows 专业完整版的 XP SP2 或以上版本。

2）WinCC V6.0 安装过程

在 Windows XP Professional 下安装消息队列服务。

（1）执行菜单命令"开始"→"控制面板"→"添加/删除程序"→"添加/删除 Windows 组件"，弹出"Windows 组件向导"对话框，如图 6-4 所示。

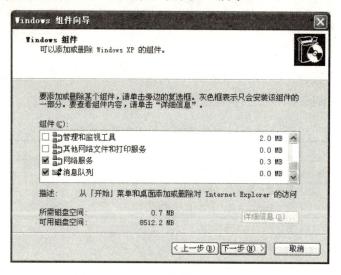

图 6-4 "Windows 组件向导"对话框

（2）在图 6-4 中，勾选"消息队列"复选项，单击"详细信息"按钮。

（3）在弹出的"消息队列"对话框中单击"确定"按钮。

（4）在返回的"Windows 组件向导"对话框中单击"下一步"按钮，向导完成。

2. SQL Server 2000 安装

（1）将光盘 SQL 解压到指定的盘和目录（先将 SQL Server 2000 下载到指定的盘中）。

（2）安装映像文件，选择 SQL。

（3）打开映像文件，安装 SQL Server 2000。

3. 安装 WinCC V6.0

（1）运行 Start.exe 文件，单击"SIMATIC WinCC"图标。安装 WinCC 界面如图 6-5 所示。

（2）选择接受本许可证协议的条款。

（3）在"序列号"栏里输入"demo"，选择安装路径，选择附加的 WinCC 语言，选择典型安装。

第 6 章 WinCC 在矿井提升机控制系统中的应用

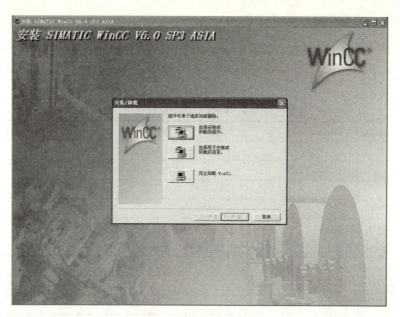

图 6-5 安装 WinCC 界面

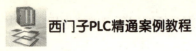

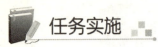

本节任务实施见表 6-4 和表 6-5。

表 6-4　WinCC 的安装任务书

姓　　名		任务名称	WinCC 的安装
指导教师		同组人员	
计划用时		实施地点	
时　　间		备　　注	
任务内容			
1. 熟悉 WinCC 常用配置的安装 2. 熟悉 WinCC 的安装步骤			
考核内容	讲述 WinCC 常用配置的安装		
	讲述 WinCC 的安装步骤		
资　料		工　具	设　备
教材			

第 6 章 WinCC 在矿井提升机控制系统中的应用

表 6-5 WinCC 的安装任务完成报告

姓　　名		任务名称	WinCC 的安装
班　　级		同组人员	
完成日期		实施地点	

1. 讲述 WinCC 常用配置的安装

2. 讲述 WinCC 的安装步骤

6.3 建立项目

创建 WinCC 项目的过程主要包括启动 WinCC、创建项目、选择并安装 PLC 或驱动程序、定义变量、创建并编辑过程画面、设置 WinCC 运行系统属性、激活 WinCC 运行系统中的画面、使用模拟器测试过程画面等。

知识准备

6.3.1 在 WinCC Explorer 中创建项目

1. 启动 WinCC

单击 Windows 任务栏中的"开始"按钮,执行菜单命令"Simatic"→"WinCC"→"Windows Control Center 5.0",启动 WinCC,如图 6-6 所示。

图 6-6　启动 WinCC

2. 创建新项目

打开 WinCC 对话框,此对话框中提供了 3 个选项。

(1)创建"单用户项目(默认设置)"。

(2)创建"多用户项目"。

(3)创建"多客户机项目"。

例如,要创建一个名为"start"的项目,选择"单用户项目",单击"确定"按钮,输入项目名称"start"。如果项目已经存在,在"打开"对话框中搜索".mcp"文件,下次启动 WinCC 时,系统自动打开上次建立的项目,图 6-7 所示为"WinCC 资源管理器"窗口显示的内容。

第 6 章　WinCC 在矿井提升机控制系统中的应用

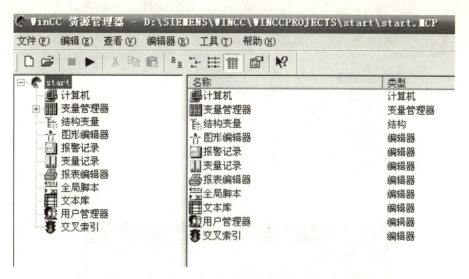

图 6-7　"WinCC 资源管理器"窗口

图 6-7 中左边的浏览器窗口显示了 WinCC 资源管理器的体系结构，从根目录一直到单个项目，右边的数据窗口显示了所选对象的内容。在"WinCC 资源管理器"左边的浏览器窗口中，单击"计算机"选项，在右边的数据窗口中即可看到一个带有计算机名称（NetBIOS 名称）的服务器，用鼠标右击此计算机名称，弹出"属性"对话框，在该对话框中设置 WinCC 运行系统的属性，如启动程序、使用语言及取消激活等。

3. 创建外部变量

对于外部变量，变量管理器需要建立 WinCC 与自动化系统（AS）的连接，即确定通信驱动程序，通过专门的驱动程序来控制。WinCC 有针对西门子自动化系统 SIMATIC S5/S7/505 的专用通道及与制造商相关的通道，如 PROFIBUS-DP 和 OPC 等。

用鼠标右击"WinCC 资源管理器"左边的浏览器窗口中的"变量管理器"，添加 PLC 驱动程序，在弹出的菜单中单击"添加新的驱动程序"命令，如图 6-8 所示。

在弹出的"添加新的驱动程序"对话框中，选择需要的驱动程序（如 SIMATIC S7 Protocol Suite.chn），如图 6-9 所示，单击"打开"按钮后，所选的驱动程序即出现在变量管理器下。

图 6-8　添加新的驱动程序

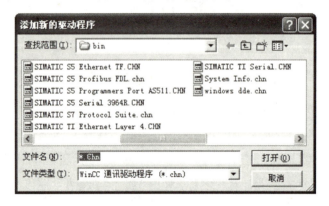

图 6-9　选择驱动程序

单击显示程序前面的"＋"图标，将显示所有可用的通道单元。

用鼠标右击通道单元 MPI，在弹出的菜单中单击"新建驱动程序连接"命令，在弹出的"连接属性"对话框中，输入名称（如 SPS），单击"确定"按钮即可，如图 6-10 所示。

下面以 MPI 通信方式为例介绍外部变量的建立，打开图 6-11 所示的"连接参数"对话框，输入控制器的"站地址"、"机架号"和"插槽号"等，注意 S7-300 PLC 的"插槽号"为"2"，其他参数根据相应的配置输入。

右击"SPS"，在弹出的菜单中单击"新建变量"命令（这里的变量名为"NewTag_1"），打开"变量属性"对话框，选择"数据类型"为"有符号 16 位数"，单击"选择"按钮，弹出"地址属性"对话框，在此设置 S7-300 PLC 中变量对应的地址，此处该变量对应 S7-300 PLC 中数据块 DB1 的 DBW0，如图 6-12 所示。

第 6 章　WinCC 在矿井提升机控制系统中的应用

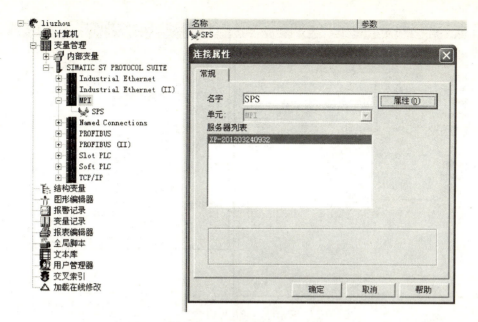

图 6-10　创建"新建驱动程序连接"

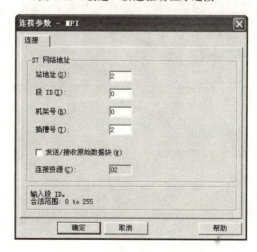

图 6-11　"连接参数"对话框

4. 创建内部变量

右击"内部变量",在弹出的菜单中单击"新建变量"命令,在"变量属性"对话框中,将变量命名为"NewTag_1",在"数据类型"列表中,选择"无符号 16 位数",然后单击"确定"按钮即可,如图 6-13 所示。

237

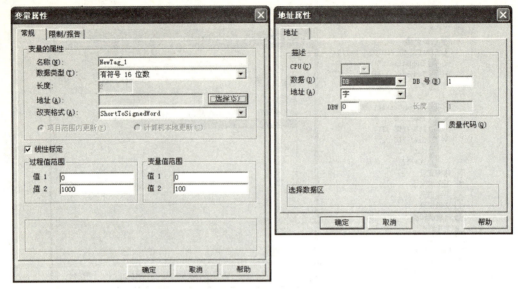

图 6-12　创建外部变量

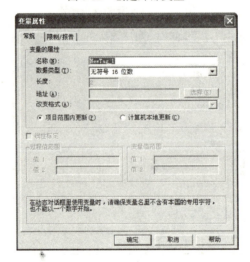

图 6-13　创建内部变量

在"限制/报告"选项卡中，勾选"上限"和"下限"复选项，激活相应上限和下限的文本框，输入对应的数值。

对于内部变量，除可以指定变量名称和变量的数据类型外，还可以确定变量更新的类型。如果设置了"计算机本地更新"，则在多用户系统中变量的改变仅对本地计算机生效。

第 6 章 WinCC 在矿井提升机控制系统中的应用

如果在 WinCC 客户机中未创建客户机项目,则更新的设置类型仅与多用户系统相关。在服务器上创建的内部变量始终对整个项目更新,而在 WinCC 客户机上创建的内部变量始终对本地计算机更新。

6.3.2 组态画面元件的操作

1. 基本操作

在图 6-10 中,右击"SPS",在弹出的菜单中单击"连接属性"命令,在弹出的"连接参数"对话框中,将"插槽号"设置为"2","站地址"默认为"2",在 SPS 中建立 3 个外部基本变量,即 START(对应 PLC 的 M0.0)(见图 6-14)、STOP(对应 PLC 的 M0.1)、OUT(对应 PLC 的 Q0.0)。

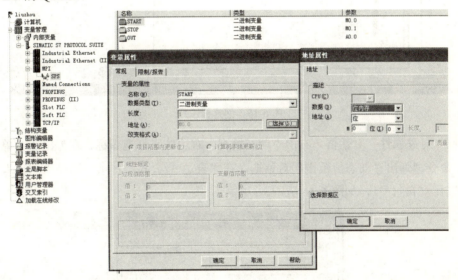

图 6-14 建立 3 个外部基本变量中的 START

在"WinCC 资源管理器"窗口中,右击"图形编辑器",在弹出的菜单中单击"新建画面"命令,将画面"重命名"为"TEST",双击"TEST",在图形右边的"标准"标签中选择"圆",拖到画面中。

双击图 6-15 中的圆形,在弹出的菜单中单击"对象属性"命令,在弹出的"对象属性"对话框中依次单击"填充"→"动态填充",右击"动态填充"右边的小灯泡图标,在弹出的菜单中单击"变量"命令,在弹出的"变量"对话框中单击变量"OUT",再单击"确定"按钮。

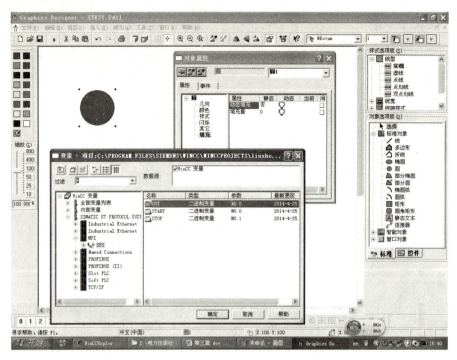

图 6-15 创建指示灯

返回"对象属性"对话框,右击"动态填充"右边的小灯泡图标,在弹出的菜单中单击"动态"命令,弹出"动态值范围"对话框,在"表达式/公式"选项中选择"OUT","数据类型"选择"布尔型",如图 6-16 所示。

图 6-16 设置变量参数

第 6 章　WinCC 在矿井提升机控制系统中的应用

在"对象属性"对话框中选择"颜色",背景颜色选择红色,填充颜色选择绿色,保存设置。

2. 组态按钮

在图 6-17 所示窗口右边的"标准"标签中,选择按钮图形,拖到画面中,右击按钮图形,在弹出的菜单中单击"属性"命令,在弹出的"对象属性"对话框中依次单击"事件"→"鼠标"→"按左键",右击小闪电图标后弹出"直接连接"对话框,如图 6-17 所示。

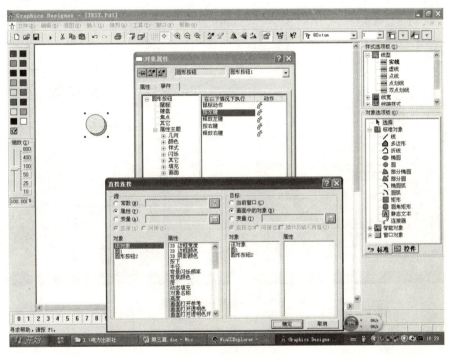

图 6-17　组态按钮参数

在"直接连接"对话框中,"常数"设置为"1","变量"选择"START",采用同样的方法设置"释放左键"参数,"常数"设置为"0","变量"选择"START"。

同理,组态停止按钮时,设置"按左键"参数,"常数"设置为"0","变量"选择"STOP",设置"按右键"参数,"常数"设置为"1","变量"选择"STOP"。

3. 用按钮切换画面

在新建画面中选择"按钮"选项并命名,右击按钮图形,在弹出的菜单中单击"属性"

命令，在弹出的"对象属性"对话框中依次单击"事件"→"鼠标"→"按左键"，在弹出的"编辑动作"对话框中依次单击"标准函数"→"GRAPHICS"→"OpenPicture"，在弹出的"画面"对话框中双击选择要切换的画面（如 TEST 画面），单击"确定"按钮即可。组态按钮切换画面如图 6-18 所示。

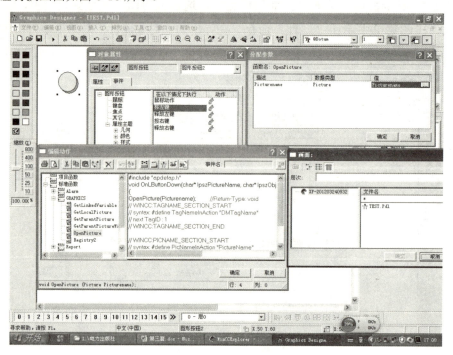

图 6-18　组态按钮切换画面

4. 组态 I/O 域，输入华氏温度，输出摄氏温度

在画面编辑区插入两个静态文本"华氏温度"和"摄氏温度"及两个 I/O 域，这些组件均在"对象选项板"的"标准"标签中选择。"I/O 域组态"对话框如图 6-19 所示。

设置图 6-19 中左边的 I/O 域类型为输入，右边的 I/O 域类型为输出，右击右边的 I/O 域，在弹出的菜单中单击"属性"命令，打开"对象属性"对话框，依次单击"输入/输出域"→"输出值"，右击小灯泡图标，在弹出的菜单中单击"动态值"命令，弹出"动态值范围"对话框，"事件名称"选择"2 秒"（演示触发器时使用，周期可根据实际选择），"表达式/公式"设置为"("Tag3"-32)*5/9"，Tag3 为左边 I/O 域连接的变量，"数据类型"选择"直接"。组态 I/O 域参数如图 6-20 所示。

第 6 章　WinCC 在矿井提升机控制系统中的应用

图 6-19 "I/O 域组态"对话框

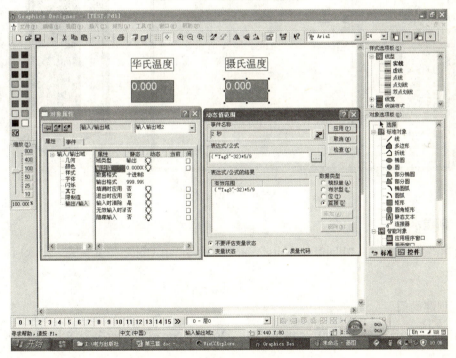

图 6-20 组态 I/O 域参数

单击"应用"按钮完成组态，激活项目即可观测到动态效果。

243

6.3.3 创建过程画面

下面以监控水位为例,说明过程画面的组态方法。

1. 创建水罐

在图形编辑器的菜单栏中执行菜单命令"查看"→"库",对象库将以它自己的工具栏和对象文件夹的形式出现,选择"全局库"→"PlantElements"→"Tanks"文件夹,单击图形编辑器库中的 图标,预览可用的水罐,单击"Tank4",按住鼠标左键,将水罐拖到文件窗口中,可使用水罐周围的黑框调整水罐的大小,如图 6-21 所示。

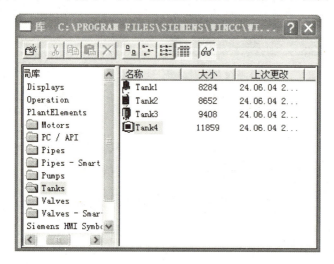

图 6-21 创建水罐

2. 创建水管

选择"全局库"→"PlantElements"→"Pipes-Smart Object"文件夹,插入所需的管道到画面中。

3. 创建阀门

选择"全局库"→"PlantElements"→"Valves- Smart Object"文件夹,插入所需的阀门到画面中。

使用"复制"和"粘贴"命令来复制一个对象,不必每次都要从库中获取对象。

第 6 章　WinCC 在矿井提升机控制系统中的应用

4. 创建静态文本

在"对象选项板"中选择"标准对象"→"静态文本",对象定位在文本窗口的左上角,按住鼠标左键拖动,以达到期望的大小。

输入标题"水位监控",在工具栏中单击字号列表框,选择所需要的字号,这里选择"20"。单击文本并拖动,直至达到期望的大小。

5. 显示动态水位

右击水罐,在弹出的菜单中单击"属性"命令,弹出"对象属性"对话框,在该对话框中单击左边子窗口上"UserDefined"选项,在右边子窗口中右击"Process"旁边的小灯泡图标,在弹出的菜单中单击"变量"命令,在弹出的"变量"对话框中单击"TankLevel"(事先建立内部变量 TankLevel),并单击"确定"按钮,使 TankLevel 为动态变量,小灯泡图标变为绿色,在返回"对象属性"对话框的"当前"命令中,选择"500 毫秒"。对象属性及变量设置如图 6-22 所示。

图 6-22　对象属性及变量设置

6. 设置运行系统属性

在"WinCC 资源管理器"窗口左边的子窗口中单击"计算机"选项,在右边的数据窗口中单击计算机的名称,在弹出的菜单中单击"属性"命令,在弹出的对话框中单击"图形运行系统"标签,可以确定运行画面的外观、设置起始画面,单击"浏览"按钮,在弹出的"启动画面"对话框中选择"TEST.pdl",单击"确定"按钮,在弹出的"窗口属性"对话框中勾选"标题""最大化""最小化"及"适应画面大小"复选项,单击"确定"按钮,结束"计算机属性"设置。

7. 激活项目

单击"WinCC 资源管理器"菜单栏中的"文件"→"激活",复选标记随即显示,以显示所激活的运行系统,也可在"WinCC 资源管理器"的工具栏中单击 ▶ 按钮。

8. 使用模拟器

如果 WinCC 没有与正在工作的 PLC 连接,则可以使用模拟器来测试相关项目。

依次单击 Windows 任务栏"开始"→"Simatic"→"WinCC"→"Tool"→"Simulator"命令,在"WinCC 模拟器"对话框中选择要模拟的变量,依次单击"编辑"→"新建变量"命令,在弹出的"变量属性"对话框中选择内部变量"TankLevel",单击"确定"按钮,在弹出的"属性"对话框中单击模拟器的类型"Inc",输入起始值"0"、终止值"100",勾选"激活"复选项,在"变量"对话框中将显示带修改值的变量。

第 6 章 WinCC 在矿井提升机控制系统中的应用

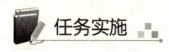

本节任务实施见表 6-6 和表 6-7。

表 6-6 建立项目任务书

姓　名		任务名称	建立项目
指导教师		同组人员	
计划用时		实施地点	
时　间		备　注	
任务内容			
1. 熟悉 WinCC 项目创建步骤 2. 熟悉在 WinCC Explorer 中变量的创建 3. 熟悉组态画面元件的操作 4. 熟悉在 WinCC Explorer 中创建元件的过程			
考核内容	讲述 WinCC 项目创建步骤		
	讲述在 WinCC Explorer 中变量的创建		
	讲述组态画面元件的操作		
	讲述在 WinCC Explorer 中创建元件的过程		
资　料		工　具	设　备
教材			

247

表 6-7　建立项目任务完成报告

姓　　名		任务名称	建立项目
班　　级		同组人员	
完成日期		实施地点	

1. 讲述 WinCC 项目创建步骤

2. 讲述在 WinCC Explorer 中变量的创建

3. 讲述组态画面元件的操作

4. 讲述在 WinCC Explorer 中创建元件的过程

第 6 章 WinCC 在矿井提升机控制系统中的应用

6.4 组态变量记录

WinCC 项目中组态变量记录的步骤如下。

(1) 创建或配置用于变量归档的定时器，也可以直接使用默认定时器。

(2) 使用归档向导创建或配置一个过程值归档，用于存储过程数据。

(3) 若有必要，可在所创建的归档中对每个归档变量进行属性配置。

(4) 在图形编辑器中创建或配置在线趋势或表格控件，以便运行时观察归档数据。

6.4.1 组态定时器

在"WinCC 资源管理器"左边的浏览器窗口中，用鼠标右击"变量记录"，在弹出的菜单中单击"打开"命令，弹出"变量记录"窗口，如图 6-23 所示。

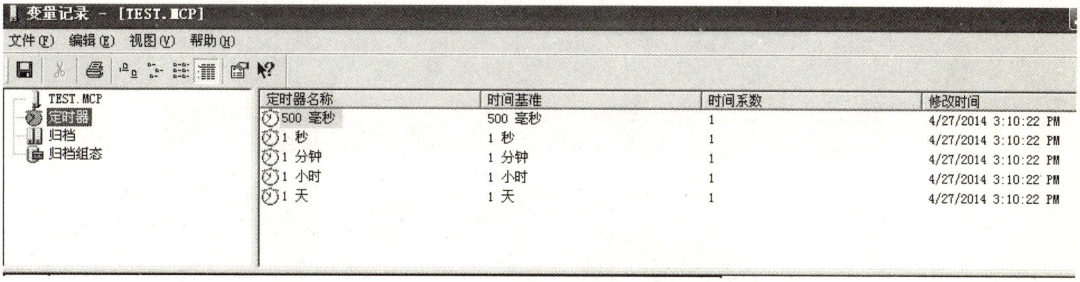

图 6-23 "变量记录"窗口

右击"定时器"，创建新的时间间隔，在弹出的菜单中单击"新建"命令，在弹出的"定时器属性"对话框中，输入"Weekly"作为"名称"，在"基准"列表中选择"1 天"，输入"7"作为"系数"，单击"确定"按钮，如图 6-24 所示。

6.4.2 创建过程值归档

在"变量记录"窗口中，使用归档向导来创建归档，并选择要归档的变量。

在"变量记录"窗口左边的浏览器窗口中右击"归档组态"，在弹出的菜单中单击"归档向导"命令,弹出"创建归档:步骤-1-"对话框,默认"归档名称"为"ProcessValueArchive",选择"归档类型"为"过程值归档",如图6-25所示。

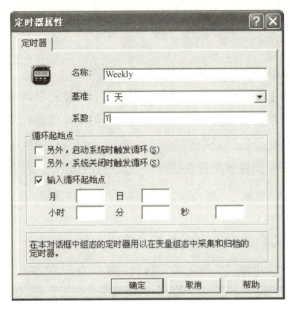

图6-24 "定时器属性"对话框

图6-25 "创建归档:步骤-1-"对话框

单击"下一步"按钮,进入"创建归档:步骤-2-"的对话框,单击"选择"按钮,在

第 6 章 WinCC 在矿井提升机控制系统中的应用

弹出的"变量选择"对话框中选择变量"TankLevel",单击"确定"按钮确认,再单击"应用"按钮,退出归档向导。

在"变量记录"窗口中,右击表格,在弹出的菜单中单击"属性"命令,改变归档变量的名称为"TankLevel_Arch",单击"参数"标签,在"周期"范围栏内输入下列数值:采集=1 秒,归档=1*1 秒。单击"确定"按钮,完成过程值的组态。"TankLevel"变量将每秒采集 1 次,并作为"TankLevel_Arch"归档,单击保存图标 ■,关闭"变量记录"窗口。

调用归档变量属性的界面如图 6-26 所示。

图 6-26 调用归档变量属性的界面

6.4.3 输出变量记录

WinCC 的图形系统提供两个 ActiveX 控件用于显示过程值归档:WinCC Online Table Control 以表格的形式显示;WinCC Online Trend Control 以趋势的形式显示。

1. 创建趋势窗口

趋势窗口是以图形的形式显示过程变量的,在"WinCC 资源管理器"窗口中,创建并打开一个新的画面"TagLogging.pdl"。

在"对象选项板"中单击"控件"标签,再选择"WinCC Online Trend Control"控件,用鼠标将其拖至文件窗口,调整为所期望的大小,右击文件窗口中的"WinCC Online Trend Control"控件,在弹出的菜单中选择"组态"命令,弹出"WinCC 在线趋势控件的属性"对话框,该对话框的"常规"选项卡如图 6-27 所示。

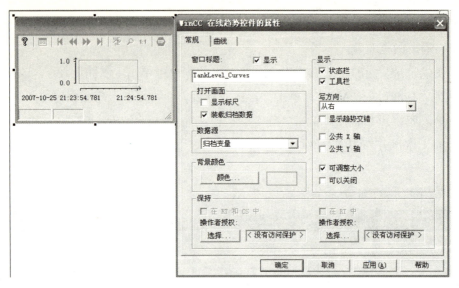

图 6-27 "WinCC 在线趋势控件的属性"对话框"常规"选项卡

在"常规"选项卡中输入"TankLevel_Curves"作为趋势窗口的标题。单击"曲线"选项卡，如图 6-28 所示，输入"TankLevel"作为曲线的名称。单击"选择"按钮，在弹出的"选择归档/变量"对话框中单击"TankLevel"变量，再单击"确定"按钮。

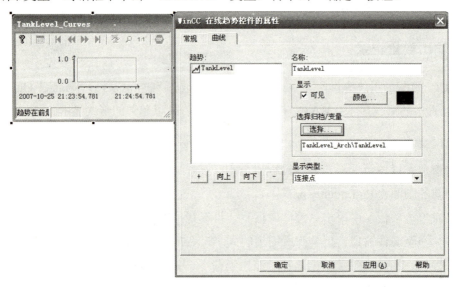

图 6-28 "WinCC 在线趋势控件的属性"对话框"曲线"选项卡

第 6 章 WinCC 在矿井提升机控制系统中的应用

2. 创建表格窗口

WinCC 也可以用表格的形式显示已归档的过程变量的历史值与当前值。

在"对象选项板"中单击"控件"标签,再选择"WinCC Online Table Control"控件,用鼠标将其拖至文件窗口,调整为所期望的大小,右击文件窗口中的"WinCC Online Table Control"控件,在弹出的菜单中选择"组态"命令,弹出"WinCC 在线表格控件的属性"对话框,如图 6-29 所示。

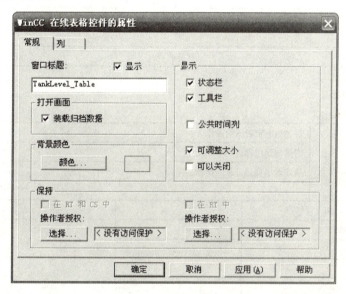

图 6-29 "WinCC 在线表格控件的属性"对话框

在该对话框的"常规"选项卡中输入"TankLevel_Table"作为表格窗口的标题,单击"列"选项卡,在"列"选项卡中输入"TankLevel"作为列的名称,单击"选择"按钮,在弹出的"选择归档/变量"对话框中单击"TankLevel"变量,再单击"确定"按钮。在"变量记录"窗口中单击保存图标 ,保存"Taglogging.pdl"画面,使其最小化。

本节任务实施见表 6-8 和表 6-9。

表 6-8　组态变量记录任务书

姓　名		任务名称		组态变量记录
指导教师		同组人员		
计划用时		实施地点		
时　间		备　注		
任务内容				
1. 熟悉组态定时器的操作 2. 熟悉创建过程值归档的操作 3. 熟悉输出变量记录的操作				
考核内容	讲述组态定时器的操作			
	讲述创建过程值归档的操作			
	讲述输出变量记录的操作			
资　料		工　具		设　备
教材				

第 6 章　WinCC 在矿井提升机控制系统中的应用

表 6-9　组态变量记录任务完成报告

姓　　名		任务名称	组态变量记录
班　　级		同组人员	
完成日期		实施地点	

1. 讲述组态定时器的操作

2. 讲述创建过程值归档的操作

3. 讲述输出变量记录的操作

 考核与评价

本章考核与评价见表 6-10～表 6-12。

表 6-10 学生自评表

项目名称		WinCC 在矿井提升机控制系统中的应用			
班　级		姓　名	学　号		组　别
评价项目	评价内容	评价结果（好/较好/一般/差）			
专业能力	熟悉系统任务需求				
	掌握 WinCC 的安装				
	掌握系统在 WinCC 中的建立				
	掌握组态变量记录				
方法能力	会查阅教科书、使用说明书及手册				
	能够对自己的学习情况进行总结				
	能够如实对自己的情况进行评价				
社会能力	能够积极参与小组讨论				
	能够接受小组的分工并积极完成任务				
	能够主动对他人提供帮助				
	能够正确认识自己的错误并改正				
自我评价及反思					

第 6 章　WinCC 在矿井提升机控制系统中的应用

表 6-11　学生互评表

项目名称		WinCC 在矿井提升机控制系统中的应用			
被评价人	班　级		姓　名	学　号	
评 价 人					
评价项目	评价内容		评价结果（好/较好/一般/差）		
团队合作	A. 合作融洽				
	B. 主动合作				
	C. 可以合作				
	D. 不能合作				
学习方法	A. 学习方法良好，值得借鉴				
	B. 学习方法有效				
	C. 学习方法基本有效				
	D. 学习方法存在问题				
专业能力（勾选）	熟悉系统任务需求				
	掌握 WinCC 的安装				
	掌握系统在 WinCC 中的建立				
	掌握组态变量记录				
	会查阅教科书、使用说明书及手册				
综合评价					

表 6-12　教师评价表

项目名称		WinCC 在矿井提升机控制系统中的应用					
被评价人	班　级		姓　名		学　号		
评价项目	评价内容				评价结果（好/较好/一般/差）		
专业认知能力	熟悉系统任务需求						
	掌握 WinCC 的安装						
	掌握系统在 WinCC 中的建立						
	掌握组态变量记录						
专业实践能力	能够根据任务需求，正确绘制流程控制图						
	能够正确安装 WinCC						
	能够正确建立 WinCC 项目						
	能够正确实施组态变量记录的步骤						
	会查阅教科书、使用说明书及手册						
	能够认真填写报告记录						
社会能力	能够积极参与小组讨论						
	能够接受小组的分工并完成任务						
	能够主动对他人提供帮助						
	能够正确认识自己的错误并改正						
	善于表达与交流						
综合评价							

第 7 章

PLC 控制系统的设计与实践

西门子 S7-300/400 PLC 在工业控制领域以其抗干扰能力强、稳定可靠性高、故障率低而著称，并且在数字运算、模拟量处理、人机接口和网络通信等方面具有优越的性能。目前，西门子 PLC 在控制网络系统上已成为首选的主流控制设备，基于 PLC 系统的控制通信网络系统在工业控制领域越来越赢得用户的青睐。同时，西门子 PLC 在 CPU 运算速度、程序执行效率、面向工艺和运动控制的功能集成、实现故障安全的容错和冗余等技术方面具有优良的性能，尤其是在联网通信能力的硬件和软件的配套技术开发上，西门子 S7 系列 PLC 及 PROFIBUS 现场总线控制，取得了业界公认的成就。

本章重点介绍 S7-300/400 PLC 及其控制网络的设计方法，这些工程应用案例均已成功运行多年，取得了较好的经济效益和社会效益。

学习目标

知识目标

（1）了解液压粉尘成型机的概述及系统组成；
（2）掌握 S7-300 PLC 的液压粉尘成型机的设计方法；
（3）了解纺织厂温度/湿度监控系统的工作过程；
（4）掌握 S7-300 PLC 纺织厂温度/湿度监控系统的设计方法；
（5）了解污水处理控制系统的概述及总体方案。

技能目标

（1）能够正确完成 S7-300 PLC 液压粉尘成型机的设计；
（2）能够正确完成 S7-300 PLC 纺织厂温度/湿度监控系统的设计；

(3) 能够正确完成基于 PLC 污水处理控制系统的设计。

素质目标

(1) 增强学生的动手能力，培养学生的团队合作精神；

(2) 在技能实践中，促进学生职业素养的养成。

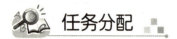

7.1 基于 S7-300 PLC 的液压粉尘成型机设计；

7.2 基于西门子 S7-300 PLC 的纺织厂温度/湿度监控系统设计；

7.3 基于 PLC 的污水处理控制系统。

第 7 章 PLC 控制系统的设计与实践

7.1 基于 S7-300 PLC 的液压粉尘成型机设计

 知识准备

7.1.1 液压粉尘成型机概述

液压粉尘成型机是一种可以将除尘设备收集到的粉末状物料压制成特定规格密实棒料的环保节能型设备,该设备压制出的密实棒料既便于存放,又便于运输,还可减少运输过程中的二次污染,达到净化环境的目的。有些粉尘压制成的棒料还可作为燃料进行再次利用,从而取得节约能源的效果。因此,该设备可广泛应用于烟草、造纸、木材等行业的除尘作业中。

在粉末等压制成型的过程中,经常采用的两种方法分别是螺旋挤压成型法和冲压成型法。螺旋挤压成型法是指将粉末状物料在成型腔内通过螺杆连续挤压形成一定密度棒状料的技术,这种方法的优点是结构简单、成本低廉,缺点是由于螺杆挤压时的力不均匀导致粉尘成型质量不稳定。冲压成型法是指利用液压推力将粉末状物料在成型腔内冲压后形成一定密度棒状料的技术,这种方法的优点是成型质量稳定、出料效率高,缺点是由于应用了液压系统导致成本相对较高。近年来,随着人们节能环保、净化环境意识的不断增强,对粉尘成型技术也提出了更高的要求。为此,冲压成型法正在逐步取代螺旋挤压法成为工业生产过程中粉末状物料理想的压制成型技术。

7.1.2 系统组成

1. 液压粉尘成型机结构

液压粉尘成型机主要由储运、液压、冷却和电控共四个子系统组成。储运系统完成物料的储存和输送;液压系统在为液压泵提供动力的同时,通过执行机构完成物料的压制成型;冷却系统为液压系统提供循环的油路和水路冷却,确保液压系统正常运行;电控系统负责完成逻辑控制、信号检测及人机交互。储运系统由储料仓、送料机构组成,送料机构主要包括送料仓、螺旋送料器等;液压系统由液压站和成型头部件组成,液压站包括送料泵、油冷泵、压钳泵等,成型头部件包括液压缸、压缩腔、成型腔、压钳等;冷却系统包括油冷和水冷;

电控系统由 PLC、人机操作界面（HMI）、检测器件、开关、继电器等组成。液压粉尘成型机结构如图 7-1 所示。

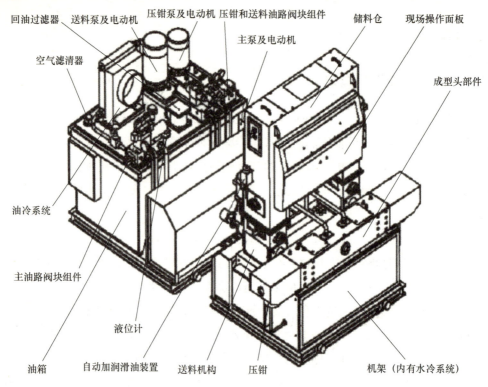

图 7-1　液压粉尘成型机结构

2. 液压粉尘成型机的工作原理

首先，液压粉尘成型机正常启动后，当前方物料连续不断地进入储料仓内时，在电动机的驱动下，送料机构将物料顺利地送至由液压电动机驱动的送料螺杆上；然后，物料在液压电动机的驱动下，被连续不断地送入成型头部件入口，成型头部件内的双作用双活塞杆液压缸驱动冲压头将送入的物料进行挤压后，分别送入左右两个成型腔中，在成型腔中，物料在主油缸液压力的作用下压缩后形成棒料；最后，压钳夹紧装置在达到压力开关设定值时自动张开，压制成型的棒料被推出成型腔，从而结束整个粉尘成型工作，进入下一个循环周期。液压粉尘成型机工作原理如图 7-2 所示。

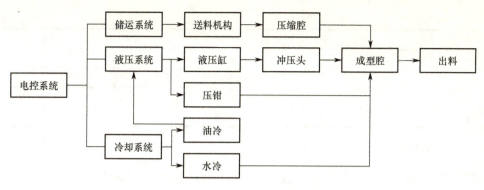

图 7-2 液压粉尘成型机工作原理图

7.1.3 控制系统设计

液压粉尘成型机控制系统主要由 S7-300 PLC、人机交互触摸屏,以及检测元件、控制元件等组成。其中,S7-300 PLC 是电控系统的核心,它首先要完成各种信号的检测工作,然后对检测信号进行分析和逻辑判断,最后根据逻辑分析和判断的结果去控制各个电动机或电磁阀完成相应的动作,循环往复,直至生产结束。触摸屏作为一个人机交互操作界面用于直观地显示工况,并完成启动、停止、参数设置等操作。

表 7-1 所示为液压粉尘成型机的 PLC 开关量输入、输出点数。

表 7-1 液压粉尘成型机的 PLC 开关量输入、输出点数

序 号	类 型	名 称	开关量输入点	开关量输出点
1	电动机	主泵电动机	1	1
2		送料泵电动机	1	1
3		压钳泵电动机	1	1
4		刮料电动机	1	1
5		左搅拌电动机	1	1
6		右搅拌电动机	1	1
7		风冷却电动机	1	1
8		水冷却电动机	1	1
9	检测信号	回油油路信号	2	
10		储料仓料位信号	2	
11		油压高压信号	1	
12		液压站油路信号	1	
13		喂料信号	2	
14		限位开关信号	2	

续表

序　号	类　型	名　称	开关量输入点	开关量输出点
15	电磁阀	压钳电磁阀		2
16		装料电磁阀		2
17		挤出缸电磁阀		4
18		加油电磁阀		4

1. PLC 硬件组态

STEP 7 是 SIEMENS SIMATIC 工业软件中的一种，它是对 SIMATIC PLC 进行组态和编程的软件包；在 STEP 7 软件中选择项目名称"S7-Pro1"，并右击，选中"Insert new object"，单击"SIMATIC 300 STATION"按钮，将生成一个 S7-300 PLC 的项目。

（1）打开 STEP 7 V5.4，单击"S7-Pro1"（文件名）左边的"+"分支标志使之展开，选中"SIMATIC 300（1）"，然后选中"Hardware"，双击或右击"open object"，即打开硬件组态窗口。

（2）在生成的窗口右栏中依次单击"SIMATIC 300"→"RACK-300"，然后将"Rail"输入到下边的空白处，生成空机架。

（3）单击"PS-300"，选中"PS 307 2A"，将其拖至机架 RACK 的第 1 个槽。

（4）依次单击"CPU-300"→"CPU315-2DP"，再单击"6ES7 315-2AF03-0AB0"，选中"V1.2"，将其拖至机架 RACK 的第 2 个槽，在第 4～7 个槽中插入相应的 DI、DO 模块。此时，液压粉尘成型机 PLC 硬件组态窗口如图 7-3 所示。

2. 控制程序设计

根据工艺及控制要求和结构化编程的原则，系统的控制程序主要完成以下几大功能。

（1）压制系统的运行。

（2）冷却系统的运行。

（3）工作方式的选择。

（4）数值控制。

其中，数值控制主要包括模具的温度、压制次数的设定及累计、压力值的设定、各动作延时时间等。用户程序由组织块（OB）、功能块（FB、FC）和数据块（DB）构成。其中，OB 是系统操作程序与应用程序在各种条件下的接口界面，用于控制程序的运行。FB、FC 是用户子程序。DB 是用户定义的用于存取数据的存储区，是上位机监控软件与 STEP 7 程序

第 7 章 PLC 控制系统的设计与实践

的数据接口。本系统中的压制次数、各动作的延时时间等均存放在 DB 中。下面着重分析压制系统的运行主程序设计。主泵电动机、压钳泵电动机、压钳电磁阀的逻辑控制梯形图程序如图 7-4 所示。

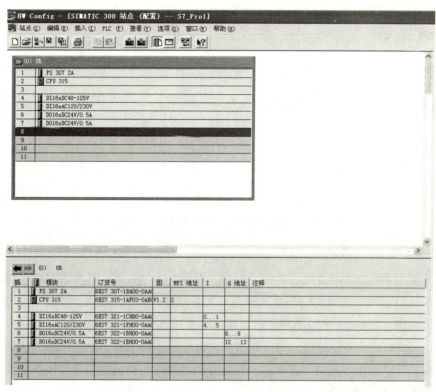

图 7-3 液压粉尘成型机 PLC 硬件组态窗口

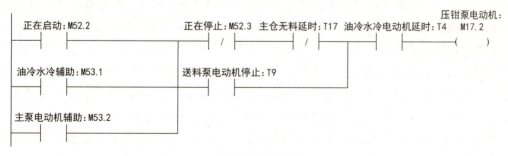

(a) 主泵电动机程序

图 7-4 PLC 逻辑控制梯形图程序

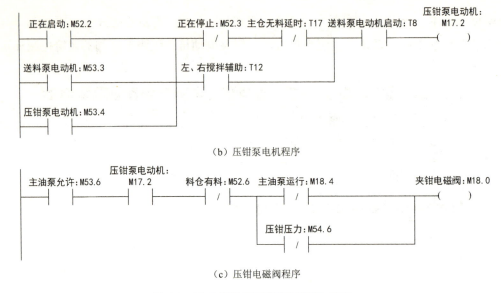

图 7-4　PLC 逻辑控制梯形图程序（续）

3. 监控系统

本系统采用 WinCC V7.0 组态软件，在中文 Windows XP 下，其组态窗口全部汉化。工艺画面监视包括总的工艺流程动态画面和局部动态画面，动态画面给出实际的运行工况（电动机、电磁阀等），并在工艺检测点通过虚拟仪表显示实时参数。WinCC 通过短期归档（记录间隔可达 500ms）、环行对列、先入先出、动态刷新不同的静态画面，加上新的动态实时数据，构成了带动态显示点的工艺画面；工艺控制趋势图包括历史工艺曲线图和实时工艺曲线图、模拟量棒图，通过 WinCC 的历史趋势控件来实现。通过单击虚拟仪表可得到相应的趋势图，也可在一个画面中对多条关键工艺曲线（最多 4 条）进行实时监视。故障报警信息是在画面中虚拟仪表显示闪烁，报警表中记录了（包括历史记录）故障发生的时间、工位、故障类型等，以便查询和处理，并通过历史查询获得故障前后较为详细的信息。报表功能包括生产日报表、历史曲线图、历史数据等，通过 WinCC 的报表编辑器实现。工艺及控制参数包括工艺参数和工艺曲线，利用画面编辑器，通过与 PLC 连接的外部变量来实现该功能，设定好后下载至 PLC。其中，工艺参数包括温度、压力、厚度及动作时间等。

选用 S7 系列可编程控制器（PLC）和上位机组成控制系统对液压粉尘成型机进行控制，液压粉尘成型机压制出的棒料直径为 80 mm，长度为 20～200 mm 可调，密度为 0.7～1.1 g/cm^3。该设备生产能力达到 560 kg/h，完全能够满足企业对节能环保的要求。经过多年的实际运行证明，该系统性能稳定、运行可靠，具有较大的推广价值。

第 7 章　PLC 控制系统的设计与实践

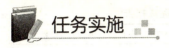

本节任务实施见表 7-2 和表 7-3。

表 7-2　基于 S7-300 PLC 的液压粉尘成型机设计任务书

姓　名		任务名称	基于 S7-300 PLC 的液压粉尘成型机设计
指导教师		同组人员	
计划用时		实施地点	
时　间		备　注	
任务内容			
1. 了解液压粉尘成型机结构 2. 了解液压粉尘成型机的工作原理 3. 掌握液压粉尘成型机 PLC 硬件组态 4. 掌握控制程序设计 5. 了解 WinCC 监控系统			
考核内容	讲述液压粉尘成型机结构		
	讲述液压粉尘成型机的工作原理		
	讲述液压粉尘成型机 PLC 硬件组态		
	讲述控制程序设计		
	简述 WinCC 监控系统		
资　料		工　具	设　备
教材			

表 7-3　基于 S7-300 PLC 的液压粉尘成型机设计任务完成报告

姓　名		任务名称	基于 S7-300 PLC 的液压粉尘成型机设计
班　级		同组人员	
完成日期		实施地点	

1. 讲述液压粉尘成型机结构

2. 讲述液压粉尘成型机的工作原理

3. 讲述液压粉尘成型机 PLC 硬件组态及程序的设计

4. 简述 WinCC 监控系统

7.2 基于西门子 S7-300 PLC 的纺织厂温度/湿度监控系统设计

 知识准备

7.2.1 系统概述

纺织工艺对温度/湿度有严格的要求,纺织厂空调系统的可靠性和安全性直接影响正常生产和经济效益。目前,纺织厂大部分空调系统控制方式落后,操作不方便,而且空调系统能耗大,机器受损严重,运行成本较高。因此,设计一个操作方便、功能完善、工作可靠的温度/湿度监控系统,对提高设备的工作效率、降低能耗、延长机器使用寿命有着重要的现实意义。

某纺织厂有 4 个车间,分别为清花车间、前纺车间、细纱车间、络筒车间。每个车间有 1 个温度传感器、1 个湿度传感器,1 套空压机组和 1 套送回风机。系统由上位机、控制器、触摸屏、低压控制柜及温度/湿度传感器组成。系统的主要工艺流程包括传感器均匀分布,采集温度、湿度数据(24~48 个感应器),输入给控制系统处理(与设定的温度、湿度范围值比较),发出调控指令,驱动变频电动机,实现大功率风机(水泵)变速,改变车间送风(水)、排风(水)量,实现温度、湿度值的调控,并且可完成数据采集、处理、显示、报警、打印及监控等功能,达到提高系统的可靠性,节约劳动力的目的。监控系统结构如图 7-5 所示。

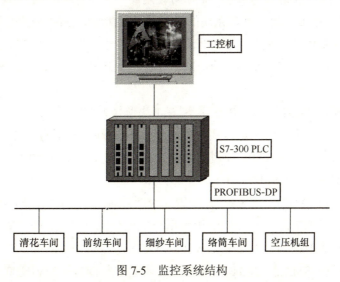

图 7-5 监控系统结构

7.2.2 系统硬件设计

1. 触摸屏

为方便操作员实时、灵活、准确、安全地控制，系统在控制柜上设置了 1 台西门子 TPl70B 触摸屏作为现场操作面板，通过 DP 接口和 S7-315CPU 相连。不同级别的操作员被授予不同的操作密码，根据各自的权限进行监控系统的启停、时间和参数的设定。该触摸屏灵活地实现了控制命令的输入及状态的监视，直观地显示了空压机组的运行状况，操作方便快捷，避免了定时巡检记录的烦琐工作，并且在安装时不占用空间，大大提高了工作效率和管理水平。

2. PLC 组成

系统选用西门子公司的 S7-300 PLC 实现集中监控。根据系统控制要求并考虑留有一定的裕量，PLC 由电源模块 PS307、CPU 模块、I/O 模块（2 块模拟量输入模块 SM331、1 块数字量输入模块 SM321、2 块数字量输出模块 SM322）组成，具体硬件配置如下。

（1）电源模块 PS307：输入电压为 220V AC，输出电压为 24V DC，输出电流为 5A，向其他 PLC 模块供电。

（2）CPU 模块 CPU315-2DP：系统中信息的运算和处理的核心，内有 48KB 随机存储器和 80KB 装载存储器，最大可扩展 1024 点数字量或 128 个模拟量通道；它有一个 MPI 通信口和一个 DP 通信口，MPI 通信口用于连接触摸屏，DP 通信口用于调试程序时监视 PLC 程序的运行及下载程序，并留作将来系统扩展时使用。

（3）I/O 模块及地址分配：PLC 系统的输入信号包括变频器故障信号、各个车间的温度及湿度信号、自动控制启动开关信号、手动启动开关信号、电动机故障信号等，输出信号包括控制变频器的启停和工作频率、自动控制、启动开关指示灯、手动启动开关指示灯、温度异常报警。

数字量输入模块 SM321（共 10 点）：配置 1 块型号为 DIl6×24VDC 的 SM321 模块，采集变频器故障信号（每个车间 1 点，共采集 4 个车间），地址分别为 I0.2、I0.4、I0.6、I1.0；启动开关信号 1 点，地址为 I0.0；手动启动开关信号 1 点，地址为 I0.1；电动机故障信号 4 点，地址分别为 I1.3、I1.5、I0.7、I1.1。

模拟量输入模块 SM33l（共 8 点）：配置 2 块型号为 AI8×24VDC 的 SM331 模块，采集各个车间的温度及湿度信号（各 4 点），温度信号地址分别 IW272、IW276、IW280、IW284，湿度信号地址分别为 IW274、IW278、IW282、IW286。

数字量输出模块 SM322（共 11 点）：配置 2 块型号为 DO16×24VDC/0.5A REL 的 SM322

模块。输出 PLC 的控制信号有：控制电动机的启停 4 点，地址分别为 Q0.2、Q0.4、Q0.6、Q0.8；工作频率 4 点，地址分别为 Q0.3、Q0.5、Q0.7、Q0.9；自动控制启动开关指示灯 1 点，地址为 Q0.0；手动启动开关指示灯 1 点，地址为 Q0.1；温度异常报警输出 1 点，地址为 Q1.0。

通信模块 CP342-5：CP342-5 是串行通信处理器模块，硬件接口可采用 RS-422/485 方式，符合 EN 51070 标准，并且支持用户加载协议。

通信模块 CP343-1：CP343-1 是连接工业以太网的通信处理器模块，将 PLC 系统接入以太网，负责 PLC 和上位机之间的通信。

3. 上位机配置

上位机选用研华工控机作为远程监控站，内置专用的通信网卡 CP5611，通过 MPI 口与 PLC 相连。通过网络在线监视风机、水泵和空压机的运行状况，查看压力、温度、运行时间、电动机电压、电动机电流、输出功率等实时数据，记录并存储历史数据，提供数据的查询和打印功能。当现场设备有动作或出现故障时能够弹出提示消息并记录存储；在远程控制允许的情况下，值班人员还可以远程控制空调设备，方便调度，提高了管理自动化水平。

作为操作站，工控机装有西门子的编程软件 STEP 7 V5.4 和 WinCC 监控软件。利用 STEP 7 编程软件首先对系统进行相应的网络配置；然后通过 MPI 口对主站 S7-300 PLC 进行硬件组态。上位机选用 WinCC V7.0 软件进行各种画面的组态和控制系统的有关参数设计，实现数据浏览、参数设定、手动/自动操作、故障报警、历史数据记录等操作。

4. 通信系统设计

CPU315-2DP 处理器提供的通信功能包括 MPI、DP。一方面，主站将控制数据（如电动机速度设定、传感器温度/湿度、压力设定、接触器吸合及断开等）发送到传动装置；另一方面，传动装置的数据（如电动机转速、传感器温度/湿度、压力、接触器触点的通断等）通过通信传送到主站 PLC 指定的寄存器地址。PLC 和各车间变频器、电磁阀控制器之间的通信采用 RS-485 接口标准作为物理通信标准；西门子 TPI70B 触摸屏则通过 SIEMENS PC-Adapter（RS-485/232 适配器）连接到 MPI 口。在该系统中，人机界面的 MPI 地址为"1"；CPU 的 MPI 地址为"2"，将波特率设置为 187.5 kbps，进行简单的组态操作即可实现通信。

7.2.3 系统软件设计

1. 上位机监控软件

上位机监控软件采用 WinCC V7.0，组态环境具有丰富的图形库和绘图工具，可实现动态显示、报警、趋势、控制策略、控制网络通信等功能,并提供一个友好的用户界面,使用户根据实际生产需要生成相应的应用软件。监控软件设计了管理员登录功能、授权密码管理功能、系统监控界面、实时报警功能和系统管理功能。系统运行参数的设定也可以通过远程通信实现,从而降低操作故障,减少劳动力的投入。

2. PLC 软件程序设计

系统的主要功能是温度/湿度监测及控制,温度/湿度的监测每隔一定的时间要进行数据记录,并存储至数据寄存器区,在数据寄存器区需要设置一个数据指针,指向当前存储的地址,每存储一次,指针向下移动一次,直至数据寄存器区末位。然后再次初始化,从头开始,每监测一次,计时器就要记录下一次的监测时间,当到达 29 点时复位为 0。数据监测程序框图如图 7-6 所示。

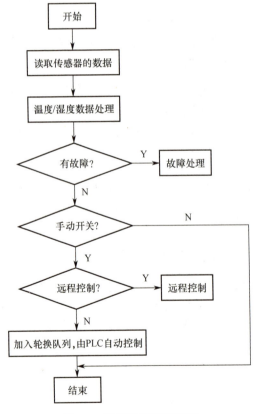

图 7-6 数据监测程序框图

第 7 章　PLC 控制系统的设计与实践

西门子 S7 系列 PLC 具有强大的数据块功能。数据块是存放执行用户程序所需变量的数据区，分为背景数据块 IDB（Instance Data Block）和共享数据块 SDB（Shared Data Block）。STEP 7 按生成数据的顺序自动为数据块中的变量分配地址。IDB 与 FB 关联，只能被指定的 FB 访问，因此在创建 IDB 时，必须指定它所属的 FB，并且该 FB 必须已经存在。在调用一个 FB 时，也必须指明 IDB 的编号或符号。如图 7-7 所示为设计本控制系统时，STEP 7 编程软件生成的背景数据块。

Address	Declaration	Name	Type	Initial value	Actual value	Comment
0.0	in	COM_RST	BOOL	FALSE	FALSE	complete restart
0.1	in	MAN_ON	BOOL	TRUE	TRUE	manual value on
0.2	in	PVPER_ON	BOOL	FALSE	FALSE	process variable peripherie on
0.3	in	P_SEL	BOOL	TRUE	TRUE	proportional action on
0.4	in	I_SEL	BOOL	TRUE	TRUE	integral action on
0.5	in	INT_HOLD	BOOL	FALSE	FALSE	integral action hold
0.6	in	I_ITL_ON	BOOL	FALSE	FALSE	initialization of the integral action
0.7	in	D_SEL	BOOL	FALSE	FALSE	derivative action on
2.0	in	CYCLE	TIME	T#1S	T#1S	sample time
6.0	in	SP_INT	REAL	0.000000e+000	0.000000e+000	internal setpoint
10.0	in	PV_IN	REAL	0.000000e+000	0.000000e+000	process variable in
14.0	in	PV_PER	WORD	W#16#0	W#16#0	process variable peripherie
16.0	in	MAN	REAL	0.000000e+000	0.000000e+000	manual value
20.0	in	GAIN	REAL	2.000000e+000	2.000000e+000	proportional gain
24.0	in	TI	TIME	T#20S	T#20S	reset time
28.0	in	TD	TIME	T#10S	T#10S	derivative time
32.0	in	TM_LAG	TIME	T#2S	T#2S	time lag of the derivative action
36.0	in	DEADB_W	REAL	0.000000e+000	0.000000e+000	dead band width
40.0	in	LMN_HLM	REAL	1.000000e+002	1.000000e+002	manipulated value high limit
44.0	in	LMN_LLM	REAL	0.000000e+000	0.000000e+000	manipulated value low limit
48.0	in	PV_FAC	REAL	1.000000e+000	1.000000e+000	process variable factor
52.0	in	PV_OFF	REAL	0.000000e+000	0.000000e+000	process variable offset
56.0	in	LMN_FAC	REAL	1.000000e+000	1.000000e+000	manipulated value factor
60.0	in	LMN_OFF	REAL	0.000000e+000	0.000000e+000	manipulated value offset
64.0	in	I_ITLVAL	REAL	0.000000e+000	0.000000e+000	initialization value of the integral action
68.0	in	DISV	REAL	0.000000e+000	0.000000e+000	disturbance variable
72.0	out	LMN	REAL	0.000000e+000	0.000000e+000	manipulated value
76.0	out	LMN_PER	WORD	W#16#0	W#16#0	manipulated value peripherie
78.0	out	QLMN_HLM	BOOL	FALSE	FALSE	high limit of manipulated value reached
78.1	out	QLMN_LLM	BOOL	FALSE	FALSE	low limit of manipulated value reached
80.0	out	LMN_P	REAL	0.000000e+000	0.000000e+000	proportionality component
84.0	out	LMN_I	REAL	0.000000e+000	0.000000e+000	integral component
88.0	out	LMN_D	REAL	0.000000e+000	0.000000e+000	derivative component
92.0	out	PV	REAL	0.000000e+000	0.000000e+000	process variable
96.0	out	ER	REAL	0.000000e+000	0.000000e+000	error signal
100.0	stat	sInvAlt	REAL	0.000000e+000	0.000000e+000	
104.0	stat	sIanteilAlt	REAL	0.000000e+000	0.000000e+000	
108.0	stat	sRestInt	REAL	0.000000e+000	0.000000e+000	
112.0	stat	sRestDif	REAL	0.000000e+000	0.000000e+000	
116.0	stat	sRueck	REAL	0.000000e+000	0.000000e+000	

图 7-7　背景数据块

3. 模拟量的处理

系统对模拟量的处理较方便，但各输入/输出信号之间应有较好的隔离方法，如模拟输入模块信号可用光电隔离，输出信号通过中间继电器隔离，再控制强电设备，可防止各输入和输出信号之间的相互干扰，同时也可防止对前端设备的信号干扰。

模拟量输入信号的类型及量程设置如图 7-8 所示，其他类型的模拟量输入/输出模块，根据模块的不同特性，具体设置会各有特点，但其基本方法是一样的。用同样的方法可对模拟量输出通道进行设置。

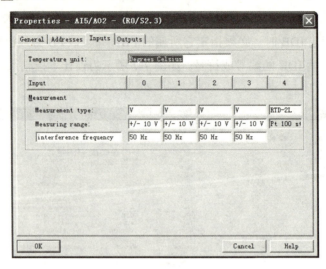

图 7-8　模拟量输入信号的类型及量程设置

本系统由于采用组态软件和可编程控制器 PLC 作为控制核心，因此具有可靠性高、运行稳定、人机界面好、操作和维修简单、抗干扰性能强等特点，各项性能指标均达到预期要求，从而保障了纺织厂的温度/湿度调节。系统远程监控的实现，提高了工作效率，节约了电能，降低了人工劳动强度，有利于设备的运行和管理。

第7章 PLC 控制系统的设计与实践

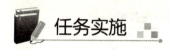

本节任务实施见表 7-4 和表 7-5。

表 7-4　基于西门子 S7-300 PLC 的纺织厂温度/湿度监控系统设计任务书

姓　　名		任务名称	基于西门子 S7-300 PLC 的纺织厂温度/湿度监控系统设计
指导教师		同组人员	
计划用时		实施地点	
时　　间		备　　注	
任务内容			
1. 了解纺织厂温度/湿度监控系统结构 2. 了解触摸屏的作用及 PLC 的组成 3. 了解上位机配置及通信系统的作用 4. 熟悉上位机监控软件的作用 5. 熟悉数据监测程序框图的绘制及背景数据块的生成 6. 熟悉模拟量的信号干扰处理及通道设置			
考核内容	讲述纺织厂温度/湿度监控系统结构		
	讲述上位机配置及通信系统的作用		
	讲述上位机监控软件的作用		
	讲述数据监测程序框图的绘制及背景数据块的生成		
	讲述模拟量的信号干扰处理及通道设置		
资　　料		工　　具	设　　备
教材			

275

表 7-5 基于西门子 S7-300 PLC 的纺织厂温度/湿度监控系统设计任务完成报告

姓　名		任务名称	基于西门子 S7-300 PLC 的纺织厂温度/湿度监控系统设计
班　级		同组人员	
完成日期		实施地点	

1. 讲述纺织厂温度/湿度监控系统结构

2. 简述上位机配置及通信系统的作用

3. 上位机监控软件采用 WinCC V7.0，讲述其作用

4. 讲述数据监测程序框图的绘制及背景数据块的生成

5. 描述模拟量的信号干扰处理及通道设置

第7章 PLC 控制系统的设计与实践

7.3 基于 PLC 的污水处理控制系统

 知识准备

7.3.1 系统概述

针对某污水处理厂设计一套基于 PLC 的污水处理控制系统,该系统完成对污水处理设备的自动控制、动态工艺流程的监视、工艺参数的监视和设定,以及报警提示和故障诊断等功能,是一个实用性强、自动化程度高的一体化控制系统。

污水处理控制系统工艺流程图如图 7-9 所示。污水通过进水管后流经粗、细格栅去除污水中较大的悬浮杂物,随后进入旋流沉砂池,经过吸砂泵的提升进入砂水分离器,分离出来的污水进入配水井(砂粒定期清运),之后经厌氧区、缺氧区和好氧区等生物处理设备进入泥水分离区,出水达标后排放至目的地,分离出的污泥一部分经过回流污水泵进入配水井,另一部分经过剩余污泥泵、污泥浓缩池进入储泥池。

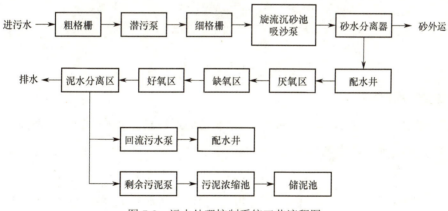

图 7-9 污水处理控制系统工艺流程图

7.3.2 系统总体方案

1. 控制系统构成

本污水处理厂控制系统采用上、下位机的主从式结构,3 个 PLC 站(PLC1、PLC2 和

PLC3）作为下位机连接污水处理设备，完成现场数据的实时采集和分散控制、状态判别等。中心控制操作站（包括一台工程师站和一台操作员站）作为上位机，以 WinCC V7.0 组态软件为核心，设计监控界面，实现状态显示、参数设置、故障记录、报警提示、数据存储与报表统计等功能。各控制子站和中控站的主机通过以太网进行通信和信息交换。控制系统构成如图 7-10 所示。

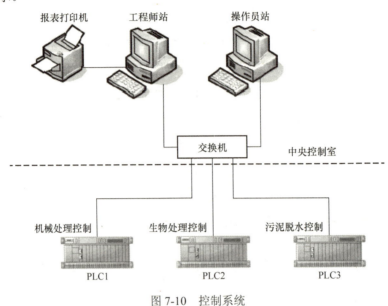

图 7-10　控制系统

2. 主要过程控制

该系统完成的过程控制主要包括 3 部分：机械处理控制、生物处理控制、污泥脱水控制，由 3 个 PLC 站分别完成。各处理过程控制的主要设备有：机械处理控制包括粗格栅、细格栅、潜污泵、吸砂泵、砂水分离器等，由 PLC1 控制；生物处理控制包括回流泵、潜水搅拌机、水下推进器、层流器、鼓风机等，由 PLC2 控制；污泥脱水控制包括回流污水泵、剩余污泥泵、浓缩机等，由 PLC3 控制。

3. 系统的控制方式

系统包括以下 3 种控制方式。

（1）手动控制：通常在设备检修时将转换开关拨到手动控制方式，此时，操作人员可在各现场设备的操作面板上手动控制设备的启停。

（2）计算机远程控制：监控系统动态显示各流程工艺参数及现场设备的运行状况，自动进行故障诊断和报警提示，将各流程工艺参数的设定值和对电气设备的操作通过 PLC 发送至现场设备。

（3）自动控制：按照 PLC 程序及工艺流程参数，脱离人工干预，实现全自动过程控制，自动启停设备、调节控制参数的大小。

7.3.3　控制系统硬件组成

控制系统的硬件主要包括中央控制室、PLC 站和现场设备及仪表 3 部分，下面分别进行介绍。

1. 中央控制室

中央控制室由一台工程师站和一台操作员站作为监控站，通过工业以太网交换机与 PLC 相连，监控站使用工控机，配置西门子的以太网卡 CP1612，以 WinCC V7.0 组态软件为开发平台组态的控制系统显示画面。

2. PLC 站

PLC 站选用西门子的 S7-300 系列，该系列 PLC 硬件配置灵活，软件编程方便。CPU 选用 CPU315-2DP，它具有大型的程序存储容量，集成了 PROFIBUS-DP 总线的接口，利用这个接口实现与 ET200M 及现场仪表通信。整个控制系统采用基于 TCP/IP 的工业以太网实现上、下位机的通信，从而实现整个污水处理厂的一体化控制。

根据工艺的需要和控制要求，本系统设置 3 个 PLC 柜，模拟量输入 SM331 模块 12 块，模拟量输出 SM332 模块 2 块，数字量输入 SM321 模块 28 块，数字量输出 SM322 模块 15 块。模拟量输入为 24V DC，输出为继电器型。图 7-11 所示为部分硬件组态窗口。

3. 现场设备及仪表

现场设备中的仪表都是标准的常规仪表，其输出信号为标准的 4～20mA 或 0～5V 模拟信号。模拟信号经 ADAM 模块转换滤波后变成工程量进行计算。

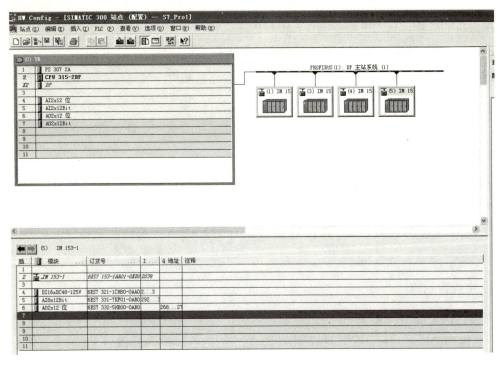

图 7-11　部分硬件组态窗口

7.3.4　控制系统软件设计

1. PLC 控制软件

PLC 控制软件是利用 STEP 7 V5.4 平台开发的，完成地址、站址的分配及用户程序的设计开发。软件采用模块化编程结构，根据所控制设备的实际情况，把整个污水处理流程分为若干个分流程，每个分流程对应一个功能或功能块。将各种控制功能和各站点间的通信数据分别编写在不同的子程序中，主控程序通过组织块调用各功能。程序控制流程图如图 7-12 所示。

PLC 程序采用模块化结构，在 PLC 编程中采用子程序调用的形式，这样的程序可读性强，可以供主程序调用。以过滤器控制为例，通过其子程序的调用，控制不同的过滤器。系统有 3 个过滤器系统，将阀门的手动控制程序设计封装在 FB1 功能块中，通过调用不同的背景数据块来实现控制不同的系统，并且控制方法一致。图 7-13 所示为程序调用背景数据分层结构图。

第 7 章　PLC 控制系统的设计与实践

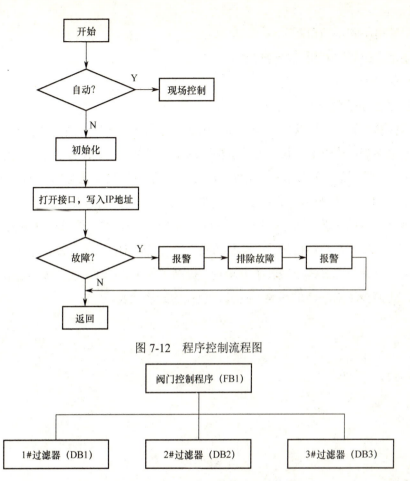

图 7-12　程序控制流程图

图 7-13　程序调用背景数据分层结构图

2. 上位机组态软件

本系统选用 WinCC V7.0 组态软件来完成上位机的组态，对全厂工艺设备运行状况、运行参数进行集中监控。WinCC V7.0 组态软件采用标准的 Microsoft SQL Server 2000 数据库进行生产数据的归档，同时具有 Web 浏览器功能，功能齐全，使用方式灵活，上位机主要实现如下功能。

（1）显示流量、压力、液位及液位报警。

（2）显示动态工艺流程图。

（3）进行工艺参数设置。

281

（4）报警提示和故障诊断。

（5）显示实时趋势和历史趋势曲线。

（6）存储数据。

（7）打印各种报表。

整套监控系统设有多幅实时监控画面，包括工艺画面、报警画面、报表画面、事件画面和操作记录画面等。其中工艺画面可显示整个系统的工艺流程，设备的运行状态通过指示灯表示，传感器的瞬时值根据仪表的实际安装位置被分别标注到工艺总图中，其实时数据和历史数据被做成相应的子画面，可在工艺总图中直接单击相应的按钮进入。

根据污水处理的工艺要求，以西门子PLC为控制核心，用工控机配以WinCC组态软件实现远程监控，整个系统结构简单、控制功能完善、安装调试方便，满足了污水处理厂自动化控制的需要。在生产过程中减轻了劳动量，提高了保障力、可靠性、安全性，并且降低了生产成本，还减少了对环境的污染，提高了企业的经济效益。

第 7 章 PLC 控制系统的设计与实践

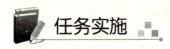

任务实施

本节任务实施见表 7-6 和表 7-7。

表 7-6 基于 PLC 的污水处理控制系统任务书

姓 名		任务名称	基于 PLC 的污水处理控制系统
指导教师		同组人员	
计划用时		实施地点	
时 间		备 注	
任务内容			
1. 熟悉污水处理控制系统工艺流程 2. 了解控制系统的构成、主要过程控制及系统的控制方式 3. 熟悉中央控制室、PLC 站和现场设备及仪表 4. 了解 PLC 控制软件及上位机组态软件			
考核内容	讲述污水处理控制系统工艺流程		
	讲述控制系统的构成、主要过程控制及系统的控制方式		
	讲述中央控制室、PLC 站和现场设备及仪表		
	讲述 PLC 控制软件及上位机组态软件		
资 料		工 具	设 备
教材			

表 7-7 基于 PLC 的污水处理控制系统任务完成报告

姓　　名		任务名称	基于 PLC 的污水处理控制系统
班　　级		同组人员	
完成日期		实施地点	

1. 讲述污水处理控制系统工艺流程

2. 讲述控制系统的构成、主要过程及系统的控制方式

3. 讲述中央控制室、PLC 站和现场设备及仪表

4. 讲述 PLC 控制软件及上位机组态软件

第 7 章　PLC 控制系统的设计与实践

考核与评价

本章考核与评价见表 7-8～表 7-10。

表 7-8　学生自评表

项目名称	PLC 控制系统的设计与实践					
班　级		姓　名		学　号		组　别
评价项目	评价内容			评价结果（好/较好/一般/差）		
专业能力	熟悉系统任务需求					
	掌握 S7-300 PLC 液压粉尘成型机的设计					
	掌握 S7-300 PLC 纺织厂温度/湿度监控系统的设计					
	熟悉基于 PLC 污水处理控制系统的设计					
方法能力	会查阅教科书、使用说明书及手册					
	能够对自己的学习情况进行总结					
	能够如实对自己的情况进行评价					
社会能力	能够积极参与小组讨论					
	能够接受小组的分工并积极完成任务					
	能够主动对他人提供帮助					
	能够正确认识自己的错误并改正					
自我评价及反思							

表 7-9 学生互评表

项目名称	PLC 控制系统的设计与实践					
被评价人	班　级		姓　名		学　号	
评 价 人						
评价项目	评价内容			评价结果（好/较好/一般/差）		
团队合作	A. 合作融洽					
	B. 主动合作					
	C. 可以合作					
	D. 不能合作					
学习方法	A. 学习方法良好，值得借鉴					
	B. 学习方法有效					
	C. 学习方法基本有效					
	D. 学习方法存在问题					
专业能力（勾选）	熟悉系统任务需求					
	掌握 S7-300 PLC 液压粉尘成型机的设计					
	掌握 S7-300 PLC 纺织厂温度/湿度监控系统的设计					
	熟悉基于 PLC 污水处理控制系统的设计					
	会查阅教科书、使用说明书及手册					
综合评价						

第 7 章　PLC 控制系统的设计与实践

表 7-10　教师评价表

项目名称		PLC 控制系统的设计与实践			
被评价人	班　级		姓　名	学　号	
评价项目	评价内容				评价结果（好/较好/一般/差）
专业 认知能力	熟悉系统任务需求				
	掌握 S7-300 PLC 液压粉尘成型机的设计				
	掌握 S7-300 PLC 纺织厂温度/湿度监控系统的设计				
	熟悉基于 PLC 污水处理控制系统的设计				
专业 实践能力	能够正确完成 S7-300 PLC 液压粉尘成型机的设计				
	能够正确完成 S7-300 PLC 纺织厂温度/湿度监控系统的设计				
	能够正确完成基于 PLC 污水处理控制系统的设计				
	会查阅教科书、使用说明书及手册				
	能够认真填写报告记录				
社会能力	能够积极参与小组讨论				
	能够接受小组的分工并完成任务				
	能够主动对他人提供帮助				
	能够正确认识自己的错误并改正				
	善于表达与交流				
综合评价					

反侵权盗版声明

  电子工业出版社依法对本作品享有专有出版权。任何未经权利人书面许可，复制、销售或通过信息网络传播本作品的行为；歪曲、篡改、剽窃本作品的行为，均违反《中华人民共和国著作权法》，其行为人应承担相应的民事责任和行政责任，构成犯罪的，将被依法追究刑事责任。

  为了维护市场秩序，保护权利人的合法权益，我社将依法查处和打击侵权盗版的单位和个人。欢迎社会各界人士积极举报侵权盗版行为，本社将奖励举报有功人员，并保证举报人的信息不被泄露。

举报电话：（010）88254396；（010）88258888
传　　真：（010）88254397
E-mail：　dbqq@phei.com.cn
通信地址：北京市万寿路 173 信箱
　　　　　电子工业出版社总编办公室
邮　　编：100036